四川省工程建设地方标准

四川省低影响开发雨水控制与
利用工程设计标准

Design standard for rainwater management and utilization of low
impact development projects in Sichuan province

DBJ51/T084－2017

主编部门：四 川 省 住 房 和 城 乡 建 设 厅
批准部门：四 川 省 住 房 和 城 乡 建 设 厅
施行日期：2 0 1 8 年 3 月 1 日

U0205812

西南交通大学出版社

2017 成 都

图书在版编目（CIP）数据

四川省低影响开发雨水控制与利用工程设计标准 /
四川省建筑设计研究院，成都市市政工程设计研究院主编.
一成都：西南交通大学出版社，2018.2
（四川省工程建设地方标准）
ISBN 978-7-5643-6064-1

Ⅰ．①四⋯　Ⅱ．①四⋯　②成⋯　Ⅲ．①雨水资源 – 资
源利用 – 设计标准 – 四川　Ⅳ．①TV21-65

中国版本图书馆 CIP 数据核字（2018）第 031188 号

四川省工程建设地方标准

四川省低影响开发雨水控制与利用工程设计标准

| 主编单位 | 四川省建筑设计研究院 |
| | 成都市市政工程设计研究院 |

责 任 编 辑	姜锡伟
助 理 编 辑	王同晓
封 面 设 计	原谋书装
出 版 发 行	西南交通大学出版社
	（四川省成都市二环路北一段 111 号
	西南交通大学创新大厦 21 楼）
发 行 部 电 话	028-87600564　028-87600533
邮 政 编 码	610031
网　　　　址	http://www.xnjdcbs.com
印　　　　刷	成都蜀通印务有限责任公司
成 品 尺 寸	140 mm × 203 mm
印　　　　张	5.125
字　　　　数	130 千
版　　　　次	2018 年 2 月第 1 版
印　　　　次	2018 年 2 月第 1 次
书　　　　号	ISBN 978-7-5643-6064-1
定　　　　价	37.00 元

关于发布工程建设地方标准
《四川省低影响开发雨水控制与
利用工程设计标准》的通知

川建标发〔2017〕843号

各市州及扩权试点县住房城乡建设行政主管部门，各有关单位：

由四川省建筑设计研究院和成都市市政工程设计研究院主编的《四川省低影响开发雨水控制与利用工程设计标准》已经我厅组织专家审查通过，现批准为四川省推荐性工程建设地方标准，编号为：DBJ51/T084-2017，自2018年3月1日起在全省实施。

该标准由四川省住房和城乡建设厅负责管理，四川省建筑设计研究院负责技术内容解释。

四川省住房和城乡建设厅

2017年11月13日

前　言

根据四川省住房和城乡建设厅《关于下达工程建设地方标准〈四川省低影响开发雨水控制与利用工程设计标准〉编制计划的通知》（川建标发〔2015〕821号）的要求，四川省建筑设计研究院、成都市市政工程设计研究院会同有关单位编制本标准。标准编制组经广泛调查研究，认真总结近年来四川省低影响开发雨水控制与利用工程的实践经验，参考国内外有关标准和应用研究，结合四川省海绵城市建设的需求，并在广泛征求意见的基础上，编制本标准。

本标准共 12 章 9 个附录，主要技术内容包括：1. 总则；2. 术语与符号；3. 基本规定；4. 建筑与小区；5. 城市绿地与广场；6. 市政工程；7. 河湖水系；8. 雨水综合利用；9. 设计计算；10. 措施选择与设施设计；11. 评估与验证；12. 植物配置。

本标准由四川省住房和城乡建设厅负责管理，四川省建筑设计研究院负责具体技术内容的解释。执行过程中如有意见或建议，请寄送四川省建筑设计研究院（地址：成都市天府大道中段 688 号大源国际中心 1 栋；邮政编码：610093；联系电话：028-86933790；邮箱：sadi_jsfzb@163.com）。

主 编 单 位： 四川省建筑设计研究院

成都市市政工程设计研究院

参 编 单 位： 西南交通大学

中建地下空间有限公司

丹华水利环境技术（上海）有限公司

宜水环境科技（上海）有限公司

江苏劲驰环境工程有限公司

重庆顾地塑胶电器有限公司

四川靓固科技有限公司

江苏河马井股份有限公司

苏州础润生态科技有限公司

武汉美华禹水环境有限公司

主要起草人： 王家良　李　纯　谢　鲁　朱　钢

王继红　陆　柯　贺　刚　赵仕兴

杨青娟　钟于涛　付韵潮　彭竹葳

唐先权　胡　斌　王　瑞　方汝清

杨　森　周　翔　丁　亮　杨艳梅

丁冠乔　张浩程　聂　青　王伟杰

黄文钟　李　谦　黄方泉　田建波

吴崇民　杨正宇　周佰兴　易小楠

龚克娜　廖述成　李习洪

主要审查人： 罗万申　熊易华　王　洪　康景文

刘　民　黄晓荣　林　农

6

目　次

Contents

1 总 则

1.0.1 为贯彻落实国家海绵城市建设的战略方针，指导和规范四川省海绵城市建设中的低影响开发雨水控制与利用工程的设计，保护和改善生态环境，缓解城市内涝，促进雨水资源化利用，使我省低影响开发雨水控制与利用工程做到适用、经济、绿色、美观，制定本标准。

1.0.2 本标准适用于四川省行政区域内新建、改建、扩建的建筑与小区、绿地与广场、城市道路、河湖水系等海绵城市建设项目的低影响开发雨水控制与利用工程设计。

1.0.3 新建、改建、扩建工程的设计文件应包括雨水控制与利用内容，雨水控制与利用设施应与项目主体工程同时设计、同时施工、同时使用。

1.0.4 低影响开发雨水控制与利用工程设计应遵循因地制宜和安全经济的原则，合理选用低影响开发雨水系统的技术、工艺和材料。

1.0.5 低影响开发雨水控制与利用工程设计除执行本标准外，尚应符合国家及地方现行有关标准、规范的规定。

2 术语和符号

2.1 术 语

2.1.1 低影响开发 low impact development

强调城镇开发应减少对环境的冲击，构建与自然相适应的城镇排水系统，合理利用景观空间并采取相应措施对暴雨径流进行控制，减少城镇面源污染的处理技术；其核心理念是基于源头控制和延缓冲击负荷。

2.1.2 低影响开发设施 low impact development facilities

依据低影响开发原则设计的"渗、滞、蓄、净、用、排"等多种工程设施的统称。

2.1.3 雨水控制与利用 rainwater management and utilization

削减径流总量、峰值，降低径流污染和收集利用雨水的总称。

2.1.4 年径流总量控制率 volume capture ratio of annual rainfall

根据多年日降雨量统计分析计算，场地内累计全年得到控制的雨量占全年总降雨量的百分比。

2.1.5 设计降雨量 design rainfall depth

为实现一定的年径流总量控制目标（年径流总量控制率），用于确定低影响开发设施设计规模的降雨量控制值，通过当地多年日降雨资料统计数据获取，常用日降雨量（mm）表示。年径流总量控制率与设计降雨量之间的关系，详见本标准附录 A。

2.1.6 暴雨强度 rainfall intensity

单位时间内的降雨量。工程上常用单位时间单位面积内的降雨体积来计，其计量单位以 $L/(s \cdot hm^2)$ 表示。

2.1.7 渗透系数 permeability coefficient

单位水力坡度下水的稳定渗透速度。

2.1.8 径流系数 runoff coefficient

一定汇水面积的径流量与降雨量的比值。

2.1.9 下垫面 underlying surface

降雨受水面的总称，包括屋面、地面、水面等。

2.1.10 面源污染 non-point source pollution

通过降雨和地表径流冲刷，将大气和地表中的污染物带入受纳水体，使受纳水体遭受污染的现象。

2.1.11 初期径流 initial runoff

一场降雨初期产生的一定厚度的降雨径流。

2.1.12 孔隙率 void ratio

土壤或砾石等材料中孔隙体积与材料在自然状态下总体积之比。

2.2 符 号

2.2.1 水量计算

A、C、b、n ——暴雨强度公式中的有关参数；

F ——汇水面积；

F_i ——汇水面上各类下垫面面积；

F_z ——建设场地总面积；

F_Y ——硬化汇水面面积；

H ——设计降雨量；

P ——设计重现期；

Q ——设计流量；

V ——需控制的径流总量；

V_L ——雨水控制与利用设施截留雨量；

W ——需控制与利用的雨水径流总量；

W_p ——建设场地外排雨水总量；

W_i ——初期弃流量；

f_k ——建设场地日降雨控制及利用率；

h_p ——日降雨量；

h_y ——设计日降雨量；

q ——设计暴雨强度；

t ——降雨历时；

φ_c ——综合雨量径流系数；

φ_0 ——控制径流峰值所对应的雨量径流系数；

δ ——初期径流弃流厚度；

ψ ——流量径流系数；

ψ_i ——各类下垫面的径流系数；

ψ_z ——综合径流系数。

2.2.2 调蓄计算

D ——单位面积调蓄深度；

Q_j ——调蓄池进水流量；

Q_x ——调蓄池出水管设计流量；

Q_{dr} ——截流井以前的旱流污水量；

Q_p ——下游排水管道、设施的受纳能力或排水设施的

4

排水能力；

V_t——调蓄设施的储水量；

n_0——系统原截流倍数；

n_1——调蓄设施建成运行后的截流倍数；

t_0——放空时间；

t_i——调蓄设施进水时间；

t_m——调蓄池设计蓄水历时；

β——安全系数；

η——排放效率。

2.2.3 渗透计算

A_s——有效渗透面积；

F_0——渗透设施的直接受水面积；

F_y——渗透设施受纳的汇水面积；

J——水力坡度；

K——土壤渗透系数；

V_s——入渗系统的储存水量；

W_c——渗透设施进水量；

W_s——渗透量；

W_r——设施容水量；

W_{xL}——入渗设施内累积的雨水量达到最大值过程中渗透的雨水量；

h_k——结构层厚度；

h_x——蓄水层厚度；

n_k——结构层有效孔隙率；

n_x——蓄水层有效孔隙率；

q_c ——渗透设施产流历时对应的暴雨强度；

t_c ——渗透设施产流历时；

t_s ——渗透时间；

α ——综合安全系数。

2.2.4 雨水利用计算

P_a ——空气的蒸汽分压；

P_m ——水面温度下的饱和蒸汽压；

Q_s ——水体的日渗透漏失量；

Q_y ——设施处理能力；

Q_{zh} ——水池的水面蒸发量；

S ——水池的表面积；

S_m ——单位面积日渗透量；

V_h ——收集利用系统雨水储存设施的储水量；

V_{md} ——日平均风速；

W_y ——回用系统的最高日用水量；

T ——雨水处理设施的日运行时间；

n_i ——第 i 种用水户的用户数量；

q_i ——第 i 种用水户的日用水定额；

t_y ——用水时间。

2.2.5 径流污染计算

H_W ——径流污染控制降雨厚度；

I ——汇水区域内不透水面积比例；

R_W ——径流污染控制系数；

V_W ——径流污染控制量。

3 基本规定

3.0.1 低影响开发雨水控制与利用工程应对年雨水径流总量、径流峰值流量、径流污染进行控制，促进雨水资源化利用。

3.0.2 低影响开发雨水系统的设计应满足城市总体规划、海绵城市专项规划等上位规划的要求。

3.0.3 低影响开发雨水控制与利用工程可采用"渗、滞、蓄、净、用、排"等技术措施。

3.0.4 实施低影响开发的建设项目应合理控制地下空间的开发强度，为雨水补充涵养地下水提供渗透路径和调蓄空间。

3.0.5 低影响开发雨水控制与利用工程设计应有详细的地质勘查资料。地质勘查资料应包括区域滞水层分布、土壤种类和相应的渗透系数、地下水动态等。雨水入渗设计的地质勘查资料应有土壤的结构和力学特性等相关资料。

3.0.6 低影响开发雨水系统应采取保障公众安全的防护措施，低影响开发设施不应影响周边建筑、道路、河堤等建（构）筑物的安全。

3.0.7 有特殊污染源的地区，其低影响开发雨水系统设计应进行专题论证。

3.0.8 低影响开发雨水控制与利用工程设计中，给排水、景观、建筑、结构、道路、防洪、电气等专业应协同设计，统筹考虑。

3.0.9 雨水控制与利用工程应积极采用行之有效的新技术、新工艺、新材料和新设备。

4 建筑与小区

4.1 一般规定

4.1.1 建筑与小区低影响开发雨水控制与利用工程设计应包括低影响开发雨水系统整体设计，以及场地、建筑、小区道路、小区绿地、低影响开发设施等相关配套设计。

4.1.2 建筑与小区低影响开发雨水控制与利用工程的雨水年径流总量进行控制，应满足下列规定：

　　1 当地已编制海绵城市建设专项规划时，雨水年径流总量控制率及相应设计降雨量应符合当地海绵城市专项规划的相关要求；

　　2 当地未编制海绵城市建设专项规划，但已编制海绵城市规划建设技术管理规定或技术导则等技术管理文件时，应遵照执行；

　　3 当地未编制海绵城市建设专项规划，也未编制海绵城市建设相关技术管理文件时，新建工程年径流总量控制率不应低于70%，改建工程年径流总量控制率不应低于60%。

　　4 四川省部分城市的年径流总量控制率对应的设计降雨量，详见附录B。

4.1.3 当项目所在地未编制海绵城市建设专项规划时，建筑与小区雨水控制与利用工程设计应满足下列规定：

　　1 新建小区径流系数不宜大于0.4，改（扩）建小区径流系数不宜大于0.5；

　　2 新建小区下凹式绿地率不宜低于50%，已建成小区改造项目下凹式绿地率不宜低于 40%；

    3 新建小区透水铺装率不宜低于 50%，改（扩）建小区透水铺装率不宜低于 30%；

    4 新建建筑绿色屋顶率不宜低于 15%。

4.1.4 建筑与小区雨水径流峰值控制应符合下列规定：

    1 建筑与小区的雨水管道（渠）和泵站的设计重现期和流量径流系数，应符合现行国家标准《室外排水设计规范》GB 50014 中的相关规定；

    2 建筑小区内的低影响开发雨水系统，应与市政雨水系统及超标雨水排放系统相衔接。

4.1.5 排入市政雨水管道的污染物总量宜进行控制。排入城市地表水体的雨水水质应满足该水体的水质要求。

4.1.6 建筑与小区雨水综合利用的设计应符合本标准第 9 章的相关规定。

4.1.7 老旧小区低影响开发雨水系统改造设计，应因地制宜，重点解决雨、污水混接，内涝积水等问题，并宜结合道路破损、停车位缺乏、景观提升等问题开展综合整治设计。

4.2 系统设计

4.2.1 建筑与小区低影响开发雨水控制与利用工程应进行系统设计。

4.2.2 建设用地总面积大于或等于 5 hm² 的新建工程，应先制定海绵城市建设整体设计专项方案，再进行低影响开发雨水控制与利用工程设计。建设用地面积小于 5 hm² 的新建工程可直接进行低影响开发雨水控制与利用工程设计，但应满足国家和地方海绵城市建设相关要求。

4.2.3 建筑与小区低影响开发雨水控制与利用工程设计方案，应根据当地降雨量、周边市政设施条件、地形特点、地质资料等情况确定，并应包括下列内容：

    1 上位规划指标；

    2 雨水控制与利用方案；

    3 雨水控制与利用工程设施规模和布局；

    4 地面高程控制；

    5 年径流总量控制率；

    6 投资估算。

4.2.4 建筑与小区低影响开发雨水控制与利用系统的选择，应符合下列规定：

    1 应对下垫面的地质勘查资料和土壤特性进行分析；

    2 除膨胀土地区外，建筑与小区宜优先采用雨水入渗、滞蓄系统；

    3 建筑屋面的雨水宜采取收集回用和雨水入渗相结合的系统；

    4 大型公共建筑屋面的雨水宜设置收集回用系统；

    5 外排雨水量大于市政管网接纳能力的项目应设置雨水调蓄系统；

    6 硬化地面上的雨水宜有组织地排向绿地、植被浅沟等雨水滞蓄设施；

    7 设有雨水低影响开发设施的建设用地，应设置雨水外排措施。

4.2.5 建筑与小区低影响开发雨水控制与利用工程可按附录 C 流程设计，并应符合下列规定：

10

1 依据相关上位规划、技术管理文件、用地条件等要求，确定建设用地低影响开发目标和指标；

2 根据工程特点、用地性质、容积率、绿地率等指标，结合地质勘查资料和土壤特性，对区域下垫面进行解析；

3 结合下垫面解析和控制指标，因地制宜地选用适宜的低影响开发措施，并确定其建设规模和布局；

4 根据低影响开发设施的类型和规模，复核相关指标，并根据复核结果优化低影响开发工程设计。

4.3 小区场地

4.3.1 建筑与小区低影响开发雨水控制与利用工程的场地设计应包括场地总平面设计、场地竖向设计和低影响开发雨水系统设计等内容。

4.3.2 建筑小区内建筑及附属设施的平面布局，应符合下列规定：

1 建筑屋面、小区路面、广场等的径流雨水应通过有组织的汇流与转输，经预处理后引入小区绿地内的渗透、储存、调节等低影响开发设施；

2 对于面积较大、非单一地块的建筑小区，应整体考虑平面布局，雨水径流总量控制与径流峰值控制目标可在多个地块之间进行平衡与落实；

3 地下空间占地面积不应大于建设用地面积的 95%；

4 低影响开发雨水调蓄和利用设施应与项目同步建设，不得以拆分地块建设规模或分期方式减少雨水调蓄和利用设施。

4.3.3 建筑与小区场地竖向设计，应符合下列规定：

1 竖向设计应按照地块原有场地标高，结合土方平衡，合理确定低影响开发雨水系统的排水路径、绿地标高、室外排水沟渠标高等内容；

2 竖向设计应尽量利用原有的地形地势，不宜改变原有的排水方向；

3 竖向设计应兼顾雨水的重力流原则，尽量利用原有的竖向高差条件组织雨水径流；

4 场地有坡度时，绿地应结合坡度等高线，分块设计确定不同标高的绿地；

5 竖向设计中，对于最终确定竖向的低洼区域应重点明确最低点标高、降雨蓄水范围、蓄水深度及超标雨水排水出路，并设置明显的警示标识。

4.3.4 建筑与小区低影响开发设施的布置，应符合下列规定：

1 应结合场地的地形、地貌和建筑布局，合理利用场地内原有的水体、湿地、坑塘、沟渠等进行布置；

2 应优化不透水硬化面与绿地空间布局，建筑、广场、道路周边宜布置可消纳径流雨水的绿地。

4.3.5 建筑与小区内设有景观水体时，应符合下列规定：

1 景观水体宜具备雨水调蓄功能，规模应根据降雨规律、水面蒸发量、雨水回用量等，通过全年水量平衡分析确定；

2 场地周边雨水汇流进入景观水体之前应设置预处理设施，同时可采用植被浅沟转输雨水，以降低径流污染负荷；

3 景观水体宜采用非硬质池底及生态驳岸，为水生动植物提供栖息或生长条件，并通过水生动植物对水体水质进行净化；

4 景观水体的补水宜采用低影响开发雨水水源，也可采用经许可的天然水体水源；

5 当项目内有低影响开发雨水水源时，其道路浇洒用水、消防水池补水、冷却循环水补水应优先采用低影响开发雨水。

4.3.6 建筑小区排水应合理设计超标雨水排放系统，避免建筑内部进水，并应按现行国家和地方标准设计室外雨水排水管网。

4.4 建筑雨水

4.4.1 屋面应采用对雨水无污染或污染较小的材料，有条件时宜采用种植屋面。

4.4.2 屋顶绿化的设计应符合现行国家标准《屋面工程技术规范》GB 50345 及行业标准《种植屋面工程技术规程》JGJ 155 的相关规定，并应根据气候特点、屋面形式选择适当的植物种类和浇灌方式。

4.4.3 种植屋面宜设置雨水收集系统，水管、电缆等设施应铺设于防水层上，屋面周边应有安全防护设施。

4.4.4 种植屋面上设置雨水斗时，雨水斗宜设置在屋面结构板上，斗上方设置带雨水箅子的雨水口，并应有防止种植土进入雨水斗的措施。

4.4.5 屋面雨水宜采用雨水管断接的排放方式，并宜将屋面雨水引入建筑周边的低影响开发设施，或通过植被浅沟、雨水管渠将雨水引入场地内的集中调蓄设施。

4.4.6 当建筑屋面高度不同时，可将雨水集蓄设施设置在较低楼层的屋面上，收集较高楼层建筑屋面的雨水。

4.4.7 屋面雨水收集系统应独立设置，严禁与建筑生活污水、废水排水连接。严禁在建筑室内设置敞开式检查口或检查井。

4.4.8 雨水收集回用系统均应设置弃流设施，雨水入渗收集系统宜设弃流设施。

4.4.9 屋面雨水系统中设有弃流设施时，弃流设施服务的各雨水斗至该装置的管道长度宜相同。

4.4.10 屋面雨水收集系统的弃流装置宜设于室外，当设在室内时，应为密闭式。雨水弃流池宜靠近雨水蓄水池，当雨水蓄水池设在室外时，弃流池不应设在室内。

4.4.11 屋面雨水收集系统宜采用容积式弃流装置。当弃流装置埋于地下时，宜采用渗透弃流装置。

4.4.12 当阳台设有洗衣机时，洗衣机排水地漏应接入生活污水排水系统。

4.5　小区道路

4.5.1 小区道路宜采用透水铺装路面，透水铺装设计应满足路基、路面的强度和稳定性要求，并宜采取反滤层过滤器、盲管等防止渗透能力衰减的措施。

4.5.2 小区道路宜采用植被浅沟、渗透沟槽等生态排水的方式。

4.5.3 小区道路的横坡和纵坡设计，应便于雨水径流汇入绿地内的低影响开发设施。

4.5.4 当小区路面标高高于绿地标高时，路面雨水应引入绿地，雨水口宜设在道路两边的绿地内，其顶面标高应高于绿地20 mm～50 mm，低于路面标高30 mm～150 mm。

4.5.5 小区道路和场地的雨水口应设置截污挂篮、或采取环保雨水口等措施。

4.5.6 小区建筑周边布置有散水沟时，应在散水沟终点与小区雨水检查井连接处设置截污挂篮或沉泥井。

4.6 小区绿地

4.6.1 建筑小区的道路两侧、广场以及停车场周边，宜因地制宜设置下凹式绿地、植被浅沟，生物滞留等低影响开发设施，从源头控制和利用雨水。

4.6.2 污染严重的道路及停车场周边绿地内的生物滞留设施宜设置预处理设施，当生物滞留设施底部渗透面距离季节性最高地下水位或岩石层小于 1 m，或距离建筑物基础水平距离小于 3 m时，宜采用底部防渗的生物滞留设施。

4.6.3 地下建筑顶面覆土层设置透水铺装、下凹式绿地等入渗设施时，应符合下列规定：

   1 地下建筑顶面与覆土之间应设疏水片材或疏水管等排水层；

   2 土壤渗透面至渗排设施间的土壤厚度不应小于 300 mm；

   3 当集中绿地位于地下室顶板上时，其覆土厚度不宜小于1.5 m；

   4 当覆土层土壤厚度超过 1.0 m 时，可设置下凹式绿地或在土壤层内埋设入渗设施。

4.6.4 利用地下水、地表水资源时，应取得政府相关部门的许可，并对地下水系和形态进行调查评估。采取合理防护措施，不得对地下水环境产生不利影响。当地区整体改建时，改建后的径流量不得超过原有径流量。

5 城市绿地与广场

5.1 一般规定

5.1.1 城市绿地与广场低影响开发设计范围应包括公园绿地、防护绿地及广场用地等场所。

5.1.2 城市绿地与广场低影响开发设计应满足相关规划的要求。

5.1.3 城市绿地与广场低影响开发设计应充分结合项目特点、现状地形、地貌特征等因素，保护原有自然排水路径。

5.1.4 城市绿地与广场应优先消纳场地自身径流雨水，有条件时宜考虑周边区域径流雨水的消纳，并与区域内市政雨水管渠系统衔接，排放超标雨水径流。

5.1.5 城市绿地与广场低影响开发设计应兼顾游憩活动、景观等多重目标的需求。

5.1.6 新建项目的低影响开发设计应与总平面设计、竖向设计同步开展；改造项目的低影响开发设计应从功能出发，合理利用既有条件，在确保周边用地土壤稳定性的前提下选择适宜的技术措施。

5.1.7 城市绿地与广场的集中式雨水收集设施和末端处理设施旁应设置警示标识，并宜设置有效的超标雨水溢流排洪措施。

5.1.8 城市绿地与广场低影响开发设计除应符合本标准要求外，还应符合现行国家标准《城市绿地设计规范》GB/T 50420、《公园设计规范》GB 51192 和行业标准《城市道路绿化规划与设计规范》CJJ 75、《园林绿化工程施工及验收规范》CJJ 82 等标准的规定及四川省的相关规定。

5.2 系统设计

5.2.1 城市绿地与广场应依据上位规划目标，结合项目特点、现状地形、降雨特征等因素，进行系统设计。

5.2.2 城市绿地与广场低影响开发设计应进行场地雨洪控制，合理规划场地雨水径流，并应符合下列规定：

　　1 制订雨洪保护方案，保持河道、景观水系的滞洪、蓄洪及排洪能力；

　　2 采取措施加强雨水渗透对地下水的补给，保持场地自然渗透能力及地下水体的自然蓄水能力；

　　3 因地制宜地采取雨水收集与利用措施；

　　4 制定水土保持方案，避免水土流失。

5.2.3 城市绿地与广场低影响开发设计流程宜按附录 D 进行，并应符合下列规定：

　　1 明确本地块低影响开发控制指标；

　　2 计算项目所在区域海绵容量规模，对区域下垫面进行解析；

　　3 结合控制指标、下垫面解析和相关建设条件，选用适宜的低影响开发措施，并确定其规模及布局；

　　4 根据低影响开发措施的内容和规模，复核相关指标，如分项未能达标，则应进行综合调整。

5.2.4 城市绿地与广场低影响开发设计可采取下列措施：

　　1 改变下垫面类型；

2 改变土壤结构和组成；

3 增加植物类型；

4 因地制宜利用或改造场地地形，选择经济有效、方便易行的技术措施。

5.2.5 城市绿地与广场低影响开发设计应限制不透水铺装比例，机动车辆不进入的道路及铺装广场宜采用透水铺装，机动车辆进入的道路及铺装广场应结合地质情况及功能需求确定是否采用透水路面。

5.2.6 地面停车场应采用透水铺装，地面停车场周边绿地内宜采用生物滞留设施滞蓄、净化雨水。

5.2.7 广场雨水在进入既有水体前，宜采用工程措施处理初期雨水径流。

5.3 公园绿地

5.3.1 公园绿地低影响开发应在满足居民游憩、生态修复和紧急避难等功能的条件下开展。

5.3.2 公园绿地低影响开发应保护并合理利用河流水系、湖泊、沼泽湿地等水生态敏感区。

5.3.3 公园内的建筑宜采用绿色屋顶，并宜采用雨落管断接或设置集水井等方式将屋面雨水引入周边低影响开发设施。

5.3.4 构建以雨水作为主要水源的景观水体时，景观水体宜设于场地低洼处，并宜采用生态措施保持水体自净。

5.3.5 景观水体宜兼具雨水调蓄功能，同时利用雨水湿地、生态堤岸、生态修复等技术提高水体自净能力，有条件时可结合人工土壤渗滤等辅助设施对水体进行循环净化。当对水质有更高要求时，可采用物理、化学等净化方式。

5.3.6 公园绿地如需消纳周边雨水量，宜利用沉淀池、前置塘等设施进行预处理。

5.3.7 公园内不透水路面周边宜设置下凹式绿地或植被浅沟等生态设施，且不透水路面应朝向生态设施设置坡度。

5.3.8 社区公园、街旁绿地等点状公园绿地应具有雨水渗透、调蓄、净化等功能，并应符合下列规定：

    1 新建项目宜采用透水铺装、生物滞留设施、植被浅沟等小型、分散式技术措施；

    2 改造项目宜采用植被浅沟替换传统型雨水管道，下凹式绿地替换凸起式绿地，路缘石增设豁口以便雨水进入绿地等技术措施。

5.3.9 下凹式绿地汇水区和坡度较大的植被缓冲带边缘，应设置隔离防护区，种植固土植被，添加覆盖物等措施固定绿地内的土壤。

5.3.10 有污染的道路、地面停车场等场所周边的绿地，可在下凹式绿地的汇水区入口之前，设置过滤型植草沟或前置塘。

5.3.11 城市带状公园低影响开发系统宜采用渗渠、植被浅沟等技术措施。

5.3.12 滨水区域宜采用植被缓冲带，延长径流时间，植被缓冲带宽度不宜小于 2 m，坡度以 2%～6%为宜。当坡度大于6%时，可采用分级调蓄缓排措施。

5.3.13 防护绿地低影响开发设计应符合下列规定：

    1 防护绿地低影响开发设计应满足其卫生、隔离和安全等防护功能要求；

    2 当绿带较宽时，宜考虑渗透塘、湿塘等以调蓄功能为主的措施。

5.4 广场用地

5.4.1 广场用地低影响开发应在满足居民游憩和集会等城市功能的条件下开展。

5.4.2 城市广场用地的建设不应增加周边道路雨水径流总量，宜对雨水进行收集利用。

5.4.3 城市广场宜利用透水铺装、生物滞留设施、植被浅沟等小型、分散式技术措施。

5.4.4 室外硬质地面铺装材料的选择应遵循平整、耐磨、防滑、透水的原则。硬质铺装地面中透水铺装率不应小于 50%，同时透水铺装垫层应采用透水构造做法。

5.4.5 广场用地位于城市排洪防涝系统的重要节点时，应考虑雨水调蓄设计。

5.4.6 广场用地的雨水调蓄设计应符合下列规定：

    1 设有排水泵站和自控系统的调蓄设施应配置可靠电源，当达到排放深度要求时排水泵站应能自动工作；

    2 广场用地的雨水调蓄设施，有条件时宜设置雨水处理和回用设施；

    3 广场用地的雨水调蓄应设置专用的雨水进出口，防止雨水对广场空间造成冲刷侵蚀，避免雨水长时间滞留和难以排空；

    4 在广场雨水调蓄设施入口处，应设置格栅等截污设施；

    5 广场雨水调蓄设施应设置清淤冲洗装置和车辆检修通道；

    6 广场雨水调蓄设施应设置安全警示标识。

6 市政工程

6.1 一般规定

6.1.1 市政工程雨水控制与利用设计范围应包括城市道路、地下空间、桥梁与隧道等场所。

6.1.2 市政工程雨水控制与利用系统应符合相关规划要求。当项目所在地未编制海绵城市建设专项规划时，宜符合下列规定：

1 市政道路应在当地70%年径流总量控制率标准下，根据道路状况按表6.1.2进行调整。

表6.1.2 城市道路控制率调整表

红线内机动车道宽度/路段红线宽度	年径流总量控制率调整/%
比例≤50%	不做调整
50%<比例≤70%	−5～0
70%<比例≤85%	−10～−5
比例>85%	不做要求

2 新建地下空间工程年径流总量控制率不宜低于70%，改建项目不宜低于60%。

6.1.3 市政工程的雨水控制与利用宜以削减地表径流与控制面源污染为主，雨水收集利用为辅。

6.1.4 低影响开发措施不应降低市政工程范围内的雨水排放系

统的设计标准。城市雨水管渠和泵站的设计重现期、径流系数等参数应按现行国家标准《室外排水设计规范》GB 50014 等相关标准执行。

6.1.5 市政工程初期雨水宜优先考虑分散处理。有条件的城镇在规划及新建污水处理厂时，处理水量宜考虑流域范围内的初期雨水量。

6.1.6 市政工程中选择低影响开发设施时，应综合分析当地的水文地质情况、施工条件以及养护管理方式等因素，并应考虑节能、环保和经济效益。

6.2 系统设计

6.2.1 市政工程的低影响开发雨水控制与利用应依据上位规划目标，结合项目特点、场地现状、降雨特征进行系统设计。市政工程的低影响开发雨水系统宜优先采用下列两种模式：

    1 雨水汇集→径流污染控制设施→调蓄→排放；

    2 雨水汇集→径流污染控制设施→雨水入渗。

6.2.2 对于内涝易发、地下管线复杂、现有排水系统改造难度较高的已建城区，可设置调蓄系统用于削减峰值流量，控制降雨初期的雨水污染及合流排放系统的溢流污染。

6.2.3 下凹式立体交叉道路、市区路段道路、郊区公路等的雨水控制与利用形式应以排放为主；道路绿化带、非机动车道、人行道、步行街等的雨水控制与利用形式宜以入渗和调蓄为主。

6.2.4 人行道、专用非机动车道和轻型荷载道路宜采用透水铺装；城市快速路、非重载交通高架道路和景观车行道宜采用透水沥青铺装，并设置边缘排水系统，接入雨水管渠系统。

6.2.5 市政工程的雨水调蓄系统，宜结合城市道路周边绿化洼地进行雨水调蓄，并与市政管线工程综合考虑。在易发生积水的路段，可利用道路及周边公共用地地下空间建设调蓄设施。

6.2.6 市政工程的径流污染控制设施应结合其他低影响目标和景观设计统一考虑，并根据项目特点、下垫面特征、径流污染程度、雨水用途、污染物去除效率、施工及维护等因素进行技术经济性比较后确定。

6.3 市政道路

6.3.1 市政道路应在不影响其自身安全和功能的前提下，增强道路绿化带对雨水的消纳作用，推行道路雨水的收集、净化和利用。

6.3.2 市政道路宜增加绿化率，进行低影响开发设计的市政道路绿化带不宜小于 2 m。

6.3.3 市政道路中分带、侧分带可选用下凹式绿地、植被浅沟、生物滞留设施，道路两侧绿带宜选用生物滞留设施、雨水花园、雨水湿地等低影响开发设施，并通过道路路面排水设计将雨水径流有组织地引入这些设施。

6.3.4 道路上的绿化隔离带，宜通过土壤改良增加其入渗率。

采用生物滞留设施收集道路雨水时，应符合下列规定：

    1 设置生物滞留设施的机动车和非机动车隔离带宽度不宜小于 1 m；

    2 当绿化隔离带种植乔木时，不应设置生物滞留设施，绿化隔离带两侧路缘石顶部标高应高于种植土 100 mm 以上；

    3 绿化隔离带内生物滞留设施宜分段设置，单段长度应根据道路的径流控制要求确定。

6.3.5 城市道路绿化带内低影响开发设施应满足道路工程的设计要求，防止径流雨水下渗对道路路面及路基的强度和稳定性造成破坏。

6.3.6 超过设计标准重现期的降雨，雨水径流溢流进入市政雨水管道，溢流排放设施设计应按现行国家标准《室外排水设计规范》GB 50014 等相关标准执行。

6.3.7 新建、改（扩）建非机动车道、步行街、人行步道等无大容量汽车通过的路面在具备透水地质条件时，宜采用可渗透路面，透水铺装率不应低于规划标准。当无规划规定时，新建项目透水铺装率宜大于 50%，改（扩）建项目透水铺装率宜大于 20%。若遇常年冻土、软弱土、液化土、膨胀土、湿陷性黄土、盐渍土、水资源保护区等特殊地区，应按相关规范进行专题研究，确定适宜的低影响开发设施。

6.4 桥梁与隧道

6.4.1 桥梁与隧道应以削减地表径流峰值流量、降低内涝发生和控制面源污染为主。

6.4.2 下穿隧道的排水宜采用快排与调蓄相结合的方式。

6.4.3 桥梁与隧道雨水宜引入桥区绿地、雨水花园、生物滞留设施、雨水湿地和调节塘等设施，并应考虑设置放空管。

6.5 地下空间

6.5.1 新建、改（扩）建地下空间项目应配建雨水调蓄设施，其调蓄容积不应小于 70%的年径流总量控制率所对应的雨量体积。

6.5.2 结合地下空间建设的雨水调蓄设施应设置防止雨水倒灌的措施。

7 河湖水系

7.1 一般规定

7.1.1 河湖水系低影响开发设计应包括防洪、水环境综合整治、生态补水和景观修复构建等内容。

7.1.2 河湖水系低影响开发设计应结合区域自然条件、社会经济情况、城市规划及河道自身功能定位，充分综合考虑防洪排涝、截污治污、生态景观等需求。

7.1.3 河湖水系低影响开发系统应满足城市总体规划、城市防洪防涝规划、海绵城市专项规划等上位规划的要求。

7.1.4 河湖水系水文计算应根据区域实际情况选择适宜的径流计算方法和设计洪水计算方法。

7.1.5 各城市应按照不同的水质标准和防护要求分级划分饮用水水源保护区，并在水源地保护管理的基础上，采取预处理、生态保障、绿地防护等措施。

7.1.6 河湖水系水环境治理应针对现状水质及污染源特征，制定水污染防治方案，提出流域水污染控制目标。

7.1.7 河湖水系水环境治理可采用截污、清淤、人工曝气、生态浮床、人工湿地、水生态恢复、自然湿地生态系统恢复等治理技术。

7.1.8 河湖水系平面曲线应具有自然性与生态性。有条件的河湖水系，其岸线应采用生态驳岸；滨水绿地空间宜选择湿塘、雨水湿地、植被缓冲带等措施进行雨水调蓄，削减径流峰值及控制径流污染。

7.1.9 排入城镇地表水体的雨水应满足该水体的水质要求。

7.1.10 河道宜采用生态清淤。

7.1.11 河道曝气复氧应结合河道水质改善需求、河道条件、河段功能、污染源特征，采用固定式充氧站或移动式充氧平台等形式。

7.1.12 应充分利用滨水绿化控制线范围内的城市公共绿地设置梯级净化池、湿塘、雨水湿地等设施，净化径流雨水，控制污染。

7.1.13 城市雨水径流污染梯级生态阻控技术流程，宜按附录 E 进行。

7.1.14 城市水系低影响开发措施之间的衔接关系，宜按附录 F 进行。

7.2 河 道

7.2.1 生态岸线的设计内容应包括生态岸线材料和形式的选择，陆域缓冲带、水域生物群落构建，已建硬质护岸绿色改造等。

7.2.2 河道生态需水量应按照水文学法、水力学法、栖息地评价法和整体分析法确定。

7.2.3 河道生态补水应根据不同地区的实际情况，确定补水水源类型和工程措施。

7.2.4 采用再生水补充河道环境用水时，补水水质应满足现行国家标准《城市污水再生利用景观环境用水水质》GB/T 18921 中的相关要求。

7.2.5 河道形态设计应评估河道的稳定性。

7.2.6 滨河景观亲水性堤防设计可采用抬高城市基面、柔化堤岸景观、下沉亲水活动基面和恢复生态护岸等方法。

7.2.7 河道驳岸设计应在满足安全性、生态性、整体性的前提下，选择适宜的生态护岸类型，避免河岸岸线渠化。

7.2.8 抛石护岸适用于中、低流速，冲蚀小、水深浅的河岸，护岸坡面坡度应缓于1∶1.5。抛石底层应根据现状土质条件铺设过滤垫层。

7.2.9 生态带护岸应满足耐久性、经纬向抗拉强度、顶破强度、等效孔径等设计要求。护岸设计可结合格栅等筋材，形成柔性生态带挡墙。

7.2.10 石笼护岸适用于冲蚀力大、流速快的河道。石笼充填石材的粒径应为网目孔径的1.5倍~2.0倍，应根据岸坡土质情况设置过渡层，可结合格栅等筋材形成柔性石笼挡墙。

7.2.11 干砌块石护岸适用于冲刷流速小于3 m/s，护岸高度小于3 m的河道。砌石平均粒径应大于30 cm，石缝间以小于30 cm粒径石块填充。护岸凹岸应设置混凝土基础，砌石基础埋置深度不宜低于150 cm。

7.2.12 河道防洪标准应参照现行国家标准《防洪标准》GB 50201、《城市防洪工程设计规范》GB/T 50805和行业标准《水利水电工程等级划分及洪水标准》SL 252确定。

7.3 湖泊湿地

7.3.1 城镇湖泊湿地补水水源应根据不同地区的实际情况确定，其主要水质指标不应低于Ⅳ类标准。

7.3.2 城镇湖泊湿地设计应满足规划功能和服务功能。

7.3.3 城镇规划区内建设的湖泊、湿地宜具有蓄滞洪功能且应符合现行国家标准《蓄滞洪区设计规范》GB 50773 中的相关要求。

7.3.4 城镇湖泊湿地应与城市雨水管渠排放系统、超标雨水径流排放系统和相邻河道统筹协调，综合提升城市水安全。

7.3.5 城镇湖泊湿地生态需水量宜结合水文和水环境等因素，采用数学模型的方法确定。

7.3.6 城镇人工湿地水质净化工艺流程应根据进水水质条件和出水水质要求，综合考虑工程用地等条件，通过技术经济比较后确定。

7.3.7 湖泊湿地富营养化治理应通过物理、化学、生物及生态等技术优化组合，采取综合的防治措施。

7.3.8 湖泊湿地水环境治理方法应根据其污染负荷类型及污染程度确定，可通过吸收、转移、削减水体中的悬浮物、有机物、氮磷及重金属等，保障水环境安全。

7.3.9 滨湖调蓄空间应设置预警标识和预警系统，保障暴雨期间的人员安全，避免事故发生。

8 雨水综合利用

8.1 一般规定

8.1.1 雨水综合利用应根据项目特点因地制宜，采用雨水入渗、收集回用和调蓄排放等方式。

8.1.2 城市雨水不得直接作为生活饮用水源。

8.2 用水量标准和水质要求

8.2.1 绿化灌溉用水标准可按表 8.2.1 确定。

表 8.2.1 绿化灌溉年均用水定额 　　单位：m³/m²

草坪类型	用水定额		
	特级养护	一级养护	二级养护
冷季型	0.66	0.50	0.28
暖季型	—	0.28	0.12

注：绿化灌溉最高日用水定额应根据气候条件、植物类型、土壤理化性质、灌溉方式和管理制度等因素综合确定。当无相关资料时，可按 $1.0 \, \text{L/(m}^3 \cdot \text{d)} \sim 3.0 \, \text{L/(m}^3 \cdot \text{d)}$。

8.2.2 道路及广场浇洒用水定额根据路面性质按表 8.2.2 取值。

表 8.2.2　浇洒道路用水定额　　　单位：L/(m² · 次)

路面性质	用水定额
碎石路面	0.40 ~ 0.70
土路面	1.00 ~ 1.50
水泥或沥青路面	0.20 ~ 0.50

注：1　广场及庭院浇洒用水定额可按下垫面参考类型参照本表选用。

2　道路及广场浇洒用最高日用水定额可按 2.0 L/(m² · d) ~ 3.0 L/(m² · d)计。

3　最高日绿化灌溉用水定额参照现行国家标准《建筑给水排水设计规范》GB 50015 取值。

8.2.3　车辆冲洗用水定额，应根据车辆用途、道路路面等级以及采取的冲洗方式，按表 8.2.3 确定。

表 8.2.3　车辆冲洗用水定额　　　单位：L/(m² · 辆)

冲洗方式	高压水枪冲洗	循环用水冲洗	抹车、微水冲洗	蒸汽冲洗
轿车	40 ~ 60	20 ~ 30	10 ~ 15	3 ~ 5
公共汽车载重汽车	800 ~ 120	46 ~ 60	15 ~ 30	—

8.2.4　建筑物循环冷却水补水量应根据气象条件、冷却塔形式确定，一般可按循环水量的 1.0% ~ 2.0%计算。

8.2.5　雨水用于冲厕的用水量按照现行国家标准《建筑给水排水设计规范》GB 50015 和《建筑中水设计规范》GB 50336 中的用水定额及用水百分率确定。

8.2.6　处理后的雨水水质根据用途确定，COD_{Cr} 和 SS（悬浮物）

指标应满足表 8.2.6 的规定，其余指标应符合国家现行相关标准的规定。

表 8.2.6　雨水处理后 CODcr 和 SS 指标

项目指标	循环冷却系统补水	观赏性水景	娱乐性水景	绿化	车辆冲洗	道路浇洒	冲厕
CODcr/（mg/L）≤	30	30	20	30	30	30	30
SS/（mg/L）≤	5	10	5	10	5	10	10

8.2.7　回用雨水的水质应根据雨水回用用途确定，当有细菌学指标要求时，应进行消毒。绿地浇洒和有水生动植物的水体宜采用紫外线消毒。采用氯消毒时，宜符合下列规定：

　　1　雨水处理规模不大于 100 m³/d 时，消毒剂可采用氯片；

　　2　雨水处理规模大于 100 m³/d 时，可采用次氯酸钠或其他氯消毒剂消毒；

　　3　接触 30 min 后总余氯不小于 1.0 mg/L，管网末端总余氯不小于 0.2 mg/L。

8.2.8　当处理后的雨水同时用于多种用途时，其水质应按最高水质标准确定。

8.2.9　雨水收集回用系统应设置水质净化设施。雨水处理工艺流程应根据回收水量、原水水质、回用部位的水质要求等因素，经技术经济比较后确定。

8.3　雨水收集、储存与回用

8.3.1　建设用地内平面及竖向设计应考虑地面雨水收集要求，

地面雨水收集不宜改变原有排水方向,并应兼顾雨水重力流原则,有组织的排向收集设施。

8.3.2 雨水收集回用系统应优先收集屋面雨水,不宜收集机动车道路等污染严重的下垫面上的雨水。

8.3.3 除种植屋面外,雨水收集回用系统应设初期雨水弃流设施,雨水入渗收集系统宜设弃流设施,弃流量根据下垫面旱季污染物状况确定,建议按照实测结果进行计算分析,无实测资料时,宜采用 3 mm ~ 15 mm 的降雨厚度。

8.3.4 截流的初期径流宜优先排入植被浅沟、下凹式绿地等生态措施,污水管道排水能力富余时,可排入污水管道,并应确保污水不倒灌回弃流装置内。

8.3.5 雨水收集回用系统的雨水储存设施可采用景观水体、旱塘、湿塘、蓄水池、蓄水罐等设施。景观水体、湿塘宜优先用作雨水储存设施。

8.3.6 雨水收集系统和雨水储存设施之间的输水管道可按雨水储存设施的降雨重现期计算,当设计重现期小于上游管道时,应在连接点设检查井或溢流设施。

8.3.7 雨水进入蓄水池、蓄水罐前,应进行漂浮物拦截、泥沙分离或粗过滤。雨水进入景观水体和湿塘前,宜设置前置区,对径流中的大颗粒污染物进行截留或沉淀。

8.3.8 雨水存储池可采用室外埋地式塑料模块蓄水池、管蓄式蓄水池、硅砂砌块水池、钢筋混凝土水池等;因条件限制必须设置在室内时,应设溢流管或旁通管,溢流雨水排至室外安全处,其检查口等开口部位应防止回灌。

8.3.9 雨水回用场所宜根据可收集量和回用水量、用水时段、水质要求等因素综合考虑确定,可按下列次序选择:

    1   景观用水；

    2   绿化用水；

    3   循环冷却用水；

    4   路面、地面冲洗用水；

    5   冲洗汽车用水；

    6   其他用水。

8.3.10 雨水收集回用系统设计应进行水量平衡计算，雨水量足以满足需用量的地区或项目，集水面最高月雨水设计径流总量不宜小于回用管网该月用水量。

8.3.11 雨水回用系统的最高日设计用水量应根据用地性质确定，建筑与小区不应小于集水面收集雨水径流总量的 40%，绿地、广场、市政道路等场所不应小于集水面收集雨水径流总量的 30%。

8.3.12 单纯储存回用雨水的储存设施可只计算回用雨水容积。兼具雨水储存和调蓄功能的存储设施，应分别计算回用雨水容积和调蓄雨水容积，总容积不应小于两者之和。

8.3.13 当雨水回用系统设有雨水清水池时，其有效容积应根据产水曲线、供水曲线确定，并应满足消毒的接触时间要求。当缺乏上述资料的时，有效容积可按雨水回用系统最高日设计用水量的 25%～35% 计算。

8.3.14 回用供水管网应采用防止回流污染的措施，低水质标准水不得进入高水质标准水系统。

8.3.15 供水管道和补水管道上应设水表计量。

8.4 安全措施

8.4.1 雨水供水管道应与生活饮用水管道分开设置，严禁回用雨水进入生活饮用水给水系统。

8.4.2 采用生活饮用水补水时，应采取防止生活饮用水被污染的措施，并应符合下列规定：

    1 清水池（箱）内自来水补水管出口高于清水池（箱）内溢流水位，其间距不得小于 2.5 倍补水管管径，且不应小于 150 mm，严禁采用淹没式浮球阀补水；

    2 向蓄水池（箱）补水时，补水管应设在池外，且应高于室外地面。

8.4.3 供水管道上不得装设取水龙头，并应采取下列防止误接、误用、误饮的措施：

    1 雨水供水管外壁应按设计规定涂色或标识；

    2 当设有取水口时，应设锁具或专门开启工具；

    3 水池（箱）、阀门、水表、给水栓、取水口均应有明显的"雨水"标识。

8.4.4 调蓄设施应进行结构安全性分析。

8.4.5 处理设施产生的污泥宜进行处理。

9 设计计算

9.1 一般规定

9.1.1 低影响开发雨水系统的控制目标主要有径流总量控制、径流峰值控制、径流污染控制、延缓径流峰值出现时间、雨水资源化利用等，应根据当地海绵城市规划要求，结合水资源状况、经济发展水平，合理选择其中一项或多项目标作为控制目标进行计算。

9.1.2 建设用地应对年雨水径流总量进行控制，控制率及相应的设计降雨量应满足当地海绵城市规划控制指标的要求。

9.1.3 低影响开发设施的规模应根据控制目标及设施在具体应用中发挥的主要功能，采用容积法、流量法、水量平衡法等方法通过计算确定。当需同时满足不同控制目标时，应综合运用以上方法进行计算，并选择其中较大值作为设计规模；有条件的地区可利用数学模型进行计算或对计算结果进行校核。

9.2 系统设施计算

9.2.1 建设场地日降雨控制及利用率应按式（9.2.1）计算。

$$f_k = 1 - \frac{W_p}{10 h_p F_z} \qquad (9.2.1)$$

式中　f_k——建设场地日降雨控制及利用率；

W_p——建设场地外排雨水总量（m^3）；

h_p——日降雨量（mm），因重现期而异，四川省部分城市降雨资料详见附录 G；

F_z——建设场地总面积（hm^2）。

9.2.2 建设场地外排雨水总量应按式（9.2.2）计算。

$$W_p = 10\varphi_c h_p F_z - V_L \qquad (9.2.2)$$

式中 φ_c——综合雨量径流系数，应按表 9.3.3 各种下垫面加权平均计算；

V_L——雨水控制与利用设施截留雨量（m^3）。

9.2.3 低影响开发设施采用多系统组合时，各系统的有效储水量应按式（9.2.3）计算。

$$W = (V_s + W_{xL}) + V_h + V_t \qquad (9.2.3)$$

式中 W——需控制与利用的雨水径流总量（m^3）；

V_s——入渗设施的储存水量（m^3）；

W_{xL}——入渗设施内累积的雨水量达到最大值过程中渗透的雨水量（m^3）；

V_h——收集利用系统雨水储存设施的储水量（m^3）；

V_t——调蓄设施的储水量（m^3）。

9.2.4 当低影响开发设施采用雨水入渗系统和收集利用系统的组合时，入渗量和雨水设计用量应按式（9.2.4）计算。

$$W = \alpha K J A_s t_s + \sum q_i n_i t_y \qquad (9.2.4)$$

式中 α——综合安全系数，一般可取 0.50～0.80；

K——土壤渗透系数（m/s）；

J——水力坡度，一般取 $J=1.0$；

A_s——有效渗透面积（m^2）；

t_s——渗透时间（s），指降雨过程中设施的渗透历时，一般取 2 h，日雨水渗透量计算按 24 h 计，对于渗透池和渗透井宜按 3 d 计；

q_i——第 i 种用水户的日用水定额（m^3/d），根据现行国家标准《建筑给水排水设计规范》GB 50015 和《建筑中水设计规范》GB 50336 计算；

n_i——第 i 种用水户的用户数量；

t_y——用水时间，宜取 2.5 d，当雨水主要用于小区景观水体，并且作为该水体主要水源时，可取 7 d 甚至更长时间，但需同时加大蓄水容积。

9.2.5 各雨水控制与利用系统或设施的有效截留雨量应通过水量平衡计算，并应考虑下列影响因素：

1 渗透系统或设施的主要影响因素应包括有效储水容积、汇水面日径流量、日渗透量；

2 收集利用系统的主要影响因素应包括雨水储存设施的有效储水容积、汇水面日径流量、雨水用户的用水能力；

3 调蓄排放系统的主要影响因素应包括调蓄设施的有效储水容积、汇水面日径流量。

9.2.6 以径流总量为控制目标进行设计时应符合下列规定：

1 设施具有的调蓄容积应满足单位面积控制容积的指标要

求，设施总调蓄容积应不小于容积控制目标值，设施调蓄容积一般采用容积法控制计算方法。

2 计算设施总调蓄容积时应符合下列规定：

1）顶部和结构内部有蓄水空间的渗透设施的渗透量应计入总调蓄容积。

2）调节塘、调节池等对径流总量削减没有贡献，其调节容积不应计入总调蓄容积；转输型植被浅沟、渗管（渠）等对径流总量削减贡献较小的设施，其调蓄容积不计入总调蓄容积。

3）透水铺装、绿色屋顶仅参与综合雨量径流系数的计算，其结构内的空隙容积不再计入总调蓄容积。

4）受地形条件、汇水面大小等影响，调蓄容积无法发挥径流总量削减作用的设施，以及无法有效收集汇水面径流雨水的设施，其调蓄容积不计入总调蓄容积。

9.2.7 以径流峰值为控制目标进行设计时，调节设施的容积应根据雨水管渠系统设计标准，下游雨水管道负荷及入流、出流流量过程线，经技术经济分析确定。

9.2.8 以径流污染为控制目标进行设计时，一般通过径流总量控制来实现，也可通过不同排水区域的年 SS 总量去除率由年径流总量（年均降雨量×综合雨量径流系数×汇水面积）加权平均计算确定。

9.2.9 以雨水利用为主要目标进行设计时，低影响开发设施的规模应通过水量平衡法计算确定。

9.3 水量计算

9.3.1 降雨量应根据当地近期 20 年以上的降雨量资料确定。

9.3.2 设计暴雨强度应按式（9.3.2）计算。

$$q = \frac{167A(1+C\lg P)}{(t+b)^n} \qquad (9.3.2)$$

式中　P——设计重现期（a）；

　　　t——降雨历时（min）；

　　　q——设计暴雨强度[L/（s·hm²）]，四川省部分城市暴雨
　　　　　强度可按附录 B 的公式计算；

　　　A、C、b、n——当地降雨参数，根据统计方法进行计算
　　　　　确定。

9.3.3 汇水面积的综合径流系数应按式（9.3.3）对各种下垫面
加权平均计算。不同种类下垫面的径流系数应依据实测数据确定，
缺乏资料时可按表 9.3.3 取值。

$$\psi_z = \frac{\Sigma F_i \Psi_i}{F} \qquad (9.3.3)$$

式中　ψ_z——综合径流系数；

　　　F——汇水面积（m²）；

　　　F_i——汇水面上各类下垫面面积（m²）；

　　　ψ_i——各类下垫面的径流系数。

40

表 9.3.3　不同类别下垫面径流系数

下垫面种类	雨量径流系数 φ	流量径流系数 ψ
硬屋面、未铺石子的平屋面、沥青屋面	0.80 ~ 0.90	0.85 ~ 0.95
铺石子的平屋面	0.60 ~ 0.70	0.8
绿化屋面 （绿色屋顶，基质层厚度≥300 mm）	0.30 ~ 0.40	0.40
混凝土和沥青路面	0.80 ~ 0.90	0.85 ~ 0.95
块石等铺砌路面	0.50 ~ 0.60	0.55 ~ 0.65
干砌砖石及碎石路面	0.40	0.35 ~ 0.40
非铺砌的土路面	0.30	0.25 ~ 0.35
绿地	0.15	0.10 ~ 0.20
水面	1.00	1.00
地下建筑覆土绿地 （覆土厚度≥500 mm）	0.15	0.25
地下建筑覆土绿地 （覆土厚度＜500 mm）	0.30 ~ 0.40	0.4
透水铺装地面	0.29 ~ 0.36	0.29 ~ 0.36
下沉广场（50 年及以上一遇）	—	0.85 ~ 1.00

9.3.4　采用推理公式法计算雨水设计流量，应按式（9.3.4）计算。当汇水面积超过 2 km² 时，宜考虑降雨在时空分布的不均匀性和管网汇流过程，采用数学模型法计算雨水设计流量。

$$Q = q\psi F \qquad\qquad (9.3.4)$$

式中　Q ——雨水设计流量（L/s）；

ψ ——径流系数，可按表 9.3.3 的规定取值，汇水面积的综合径流系数应按下垫面种类加权平均计算；

F ——汇水面积（hm²）。

9.3.5 建设用地内应对年径流总量控制率对应的设计降雨量进行控制，需控制的径流总量容积应按式（9.3.5）计算。

$$V = 10 H \varphi_c F \qquad (9.3.5)$$

式中 V ——需控制的径流总量容积（m³）；

H ——设计降雨量（mm）；

F ——汇水面积（hm²）。

9.3.6 建设用地内应对雨水径流峰值进行控制，需控制的雨水径流总量应按下式计算。当水文及降雨资料具备时，可按多年降雨资料分析确定。

$$W = 10 (\varphi_c - \varphi_0) h_y F_Y \qquad (9.3.6)$$

式中 φ_0 ——控制径流峰值所对应的雨量径流系数，应符合当地规划控制要求；

h_y ——设计日降雨量（mm）；

F_Y ——硬化汇水面面积（hm²），应按硬化汇水面水平投影面积计算。

9.3.7 初期弃流量应按式（9.3.7）进行计算。当有特殊要求时，可根据实测雨水径流中污染物浓度确定。

$$W_i = 10 \delta F \qquad (9.3.7)$$

式中 W_i ——初期径流弃流量（m³）；

δ ——初期径流弃流厚度（mm）。

9.3.8 初期弃流量应按下垫面实测收集雨水的 COD_{Cr}、SS、色度等污染物浓度确定。当缺乏资料时，屋面弃流径流厚度可采用 2 mm ~ 3 mm，小区、广场地面弃流径流厚度可采用 3 mm ~ 5 mm，市政道路弃流径流厚度可采用 6 mm ~ 10 mm。

9.4 调蓄计算

9.4.1 雨水调蓄设施的设计调蓄量应根据雨水设计流量和调蓄设施的主要功能，经计算确定。

9.4.2 雨水调蓄排放系统的储存设施容积应符合下列规定：

1 降雨过程中排水时，宜根据设计降雨变化过程曲线和设计出流量变化曲线经数学模拟计算确定，资料不足时可按式（9.4.2）计算：

$$V_t = \max\left[\frac{60}{1000}(Q_j - Q_x)t_m\right] \qquad (9.4.2)$$

式中 t_m——调蓄池设计蓄水历时（min），不大于 120min；

        Q_j——调蓄池进水流量（L/s）；

        Q_x——出水管设计流量（L/s）。

2 当雨后才排空时，应按汇水面雨水设计径流总量取值。

9.4.3 当调蓄设施用于合流制排水系统径流污染控制时，调蓄量按式（9.4.3）计算。

$$V_t = 3600t_i(n_1 - n_0)Q_{dr}\beta \qquad (9.4.3)$$

式中 t_i——调蓄设施进水时间（h），宜采用 0.5 h ~ 1 h，当合流制排水系统雨天溢流污水水质在单次降雨事件中无明显初期效应时，宜取上限，反之，可取下限；

n_1——调蓄设施建成运行后的截流倍数；

n_0——系统原截流倍数；

Q_{dr}——截流井以前的旱流污水量（m^3/s）；

β——安全系数，可取 1.1~1.5。

9.4.4 当调蓄设施用于源头径流总量和污染控制及分流制排水系统径流污染控制时，调蓄量的确定可按式（9.4.4）计算：

$$V_t = 10DF\psi\beta \qquad\qquad (9.4.4)$$

式中　D——单位面积调蓄深度（mm），源头雨水调蓄工程可按年径流总量控制率对应的单位面积调蓄深度进行计算；

　　　F——汇水面积（hm^2）。

9.4.5 雨水调蓄池的放空时间，可按式（9.4.5）计算。

$$t_0 = \frac{V_t}{3600Q_p\eta} \qquad\qquad (9.4.5)$$

式中　t_0——放空时间（h）；

　　　Q_p——下游排水管道、设施的受纳能力或排水设施的排水能力（m^3/s）；

　　　η——排放效率，一般可取 0.3~0.9。

9.5　渗透计算

9.5.1 单一渗透设施的渗透能力不宜小于汇水面需控制与利用的雨水径流总量；当不满足时，应增加入渗面积或其他雨水控制与利用设施。渗透设施的渗透量应按式（9.5.1）计算。

$$W_s = \alpha K J A_s t_s \qquad （9.5.1）$$

9.5.2 渗透设施的渗透时间宜按 24 h 计，入渗池、井等渗透时间可按 3 d 计。

9.5.3 渗透设施的有效渗透面积应符合下列规定：

　　1 水平渗透面按投影面积计算；

　　2 斜渗透面按有效水位高度的 1/2 所对对应的斜面实际面积计算；

　　3 竖直渗透面按有效水位高度所对应的垂直面积的 1/2 计算；

　　4 埋入地下的渗透设施的顶面积不计。

9.5.4 土壤渗透系数应以实测资料为准，缺乏资料时，可按表 9.5.4 确定各种土壤层的渗透系数。

表 9.5.4　土壤渗透系数

地层	地层粒径		渗透系数 K	
	粒径 /mm	所占重量 /%	m/s	m/h
黏土			$<5.70 \times 10^{-8}$	—
粉质黏土			$5.70 \times 10^{-8} \sim 1.16 \times 10^{-6}$	—
粉土			$1.16 \times 10^{-6} \sim 5.79 \times 10^{-6}$	0.0042~0.0208
粉砂	>0.075	>50	$5.79 \times 10^{-6} \sim 1.16 \times 10^{-5}$	0.0208~0.0420
细砂	>0.075	>85	$1.16 \times 10^{-5} \sim 5.79 \times 10^{-5}$	0.0420~0.2080
中砂	>0.25	>50	$5.79 \times 10^{-5} \sim 2.31 \times 10^{-4}$	0.2080~0.8320
均质中砂			$4.05 \times 10^{-4} \sim 5.79 \times 10^{-4}$	—
粗砂	>0.50	>50	$2.31 \times 10^{-4} \sim 5.79 \times 10^{-4}$	—

9.5.5 入渗系统应设置雨水储存设施，单一系统储存容积应能储存渗透设施内产流历时的最大蓄积雨水量。并应按式（9.5.5）计算。

$$V_s = \max(W_c - W_s) \qquad (9.5.5)$$

式中　W_s——渗透量（m^3）；

　　　W_c——渗透设施进水量（m^3）。

9.5.6 渗透设施进水量按式（9.5.6）计算。

$$W_c = \left[\frac{60q_c}{1000}(F_y\psi + F_0)\right]t_c \qquad (9.5.6)$$

式中　F_y——渗透设施受纳的汇水面积（hm^2）；

　　　F_0——渗透设施的直接受水面积（hm^2），埋地渗透设施取为 0；

　　　t_c——渗透设施产流历时（min），不宜大于 120 min；

　　　q_c——渗透设施产流历时对应的暴雨强度 $\left[L/(s \cdot hm^2)\right]$。

9.5.7 渗透设施净空调蓄容积按照设施的空间尺寸计算确定，空隙调蓄容积按照设施各构造层的空间尺寸与空隙率计算确定，按式（9.5.7）计算。

$$V_s = W_r A_s \qquad (9.5.7)$$

式中　W_r——设施容水量（m^3/m^2）。

9.5.8 单位面积低影响开发设施的控制容积可用容水量表示，并按式（9.5.8）计算。

$$W_r = h_x n_x + h_k n_k + \frac{1000W_s}{A} \qquad (9.5.8)$$

式中　h_x——蓄水层厚度（mm）；

46

n_x——蓄水层有效孔隙率；水池的空隙率取值为 1；

h_k——结构层厚度（mm）；

n_k——结构层有效孔隙率。

9.6 雨水利用计算

9.6.1 单一雨水回用系统的平均日设计用水量不宜小于汇水面需控制与利用雨水径流总量的 30%；不满足时，应在储存设施中设置排水泵，排水泵排水能力应能在 12 h 内排空雨水。

9.6.2 雨水回用于景观水体的日补水量应为水面蒸发量、水体渗透量和雨水处理设施自用水量之和。

9.6.3 日平均水面蒸发量应依据实测数据确定，缺乏资料时可按式（9.6.3）计算：

$$Q_{zh} = 52S(P_m - P_a)(1 + 0.135V_{md}) \qquad （9.6.3）$$

式中 Q_{zh}——水池的水面蒸发量（L/d）；

S——水池的表面积（m^2）；

P_m——水面温度下的饱和蒸汽压（Pa）；

P_a——空气的蒸汽分压（Pa）；

V_{md}——日平均风速（m/s）。

9.6.4 水体日渗透量可按式（9.6.4）进行计算：

$$Q_s = \frac{S_m A_s}{1000} \qquad （9.6.4）$$

式中 Q_s——水体的日渗透漏失量（m^3/d）；

S_m——单位面积日渗透量$[L/(m^2 \cdot d)]$。

9.6.5 雨水处理系统采用物化及生化处理设施时，自用水量应为总处理水量的 5%～10%，当采用自然净化方法处理时可不考虑自用水量。

9.6.6 雨水过滤及深度处理设施的处理能力应符合下列规定：

1 当设有雨水清水池时，按式（9.6.6）计算。

$$Q_y = \frac{W_y}{T} \qquad\qquad (9.6.6)$$

式中 Q_y——设施处理能力（m^3/h）；

W_y——回用系统的最高日用水量（m^3）；

T——雨水处理设施的日运行时间（h）。

2 当无雨水清水池或高位水箱时，应按回用雨水的设计秒流量计算。

9.6.7 雨水收集利用系统应设置储存设施，储水量应按式（9.6.7）计算。当具有逐日用水量变化曲线资料时，可根据逐日降雨量和逐日用水量经数学模拟计算确定。

$$V_h = W - W_i \qquad\qquad (9.6.7)$$

9.7 径流污染计算

9.7.1 初期雨水径流水质应按实测资料确定。无实测资料时可根据下垫面类型按表 9.7.1 取值。

表 9.7.1 初期雨水径流水质

下垫面种类	COD_{Cr} /（mg/L）	TSS/（mg/L）	TP /（mg/L）
屋面	<100	<100	<0.2
居住小区、公园绿地、学校、科技园等	100~300	100~400	0.2~0.5
公共建筑、商业区、市政道路等	400~800	500~1000	0.5~1.0
工业区、农贸市场等	>800	>1000	>1.0

9.7.2 径流污染控制量应按式（9.7.2）计算：

$$V_w = 10H_w R_w F \qquad\qquad (9.7.2\text{-}1)$$

$$R_w = 0.05 + 0.009I \qquad\qquad (9.7.2\text{-}2)$$

式中 V_w ——径流污染控制量（m^3）；

H_w ——径流污染控制降雨厚度（mm）；

F ——汇水面积（hm^2）；

R_w ——径流污染控制系数；

I ——汇水区域内不透水面积比例（%）。

10 措施选择与设施设计

10.1 一般规定

10.1.1 雨水控制与利用的措施选择与设施设计应根据当地海绵城市建设的要求，结合水资源状况和经济发展水平合理采用"渗、滞、蓄、净、用、排"等技术措施及其组合系统。

10.1.2 雨水控制与利用应优先采用入渗系统、收集利用系统，当受条件限制时应设置调蓄排放系统。

10.1.3 雨水控制与利用设施应根据用地类型、设施功能、地质条件、地形地貌等特点进行选择。

10.1.4 雨水控制与利用设施的设计应符合下列规定：

　　1 遵循安全、可行、生态、经济、因地制宜和保护环境的原则；

　　2 必须在建筑物安全允许范围内进行；

　　3 应避免对周围环境造成污染。

10.1.5 雨水控制与利用设施的布置应符合下列规定：

　　1 应结合现状地形地貌进行场地设计与建筑布局，保护并合理利用场地内原有的水体、湿地、坑塘、沟渠等；

　　2 应优化不透水硬化地面与绿地空间布局，建筑、广场、道路周边宜布置可消纳径流雨水的绿地；

　　3 建筑、道路、绿地等竖向设计应有利于径流汇入雨水控制与利用设施。

10.1.6 雨水入渗场所不得引起地质灾害及损害建（构）筑物，

下列场所不得采用雨水入渗系统：

    1 可能造成陡坡坍塌、滑坡灾害的场所；

    2 对居住环境及自然环境造成危害的场所；

    3 湿陷性黄土、膨胀土和高含盐土等特殊土壤地质场所。

10.2 措施选择

10.2.1 雨水控制与利用设施的选择应根据场地类型、场地地形、空间大小、土壤渗透性、地下水位等特点，经技术经济比较后确定。

10.2.2 雨水控制与利用工程的设施规模应根据项目的海绵城市建设目标，经计算后确定。

10.2.3 雨水控制与利用可采用雨水入渗系统、收集利用系统、调蓄排放系统中的单一系统或多种系统组合，并应符合下列规定：

    1 雨水入渗系统应由雨水收集、储存、入渗设施组成；

    2 收集利用系统应设雨水收集、储存、处理和回用水管网等设施；

    3 调蓄排放系统应设雨水收集、调蓄设施和排放管道等设施。

10.2.4 雨水控制与利用系统的选用应符合下列规定：

    1 收集利用系统宜用于年均降雨量大于 400 mm 的地区；

    2 调蓄排放系统宜用于有防洪排涝要求或雨水资源化利用受条件限制的场所。

10.2.5 雨水入渗宜优先采用下凹式绿地、透水铺装、浅沟洼地入渗等地表入渗方式，并应符合下列规定：

    1 采用土壤入渗时，土壤渗透系数宜大于 10^{-6} m/s，且地下水位距渗透面高差大于 1.0 m（渗透面从最低处计）；

2 除地面入渗外，雨水入渗设施距建筑物基础不宜小于 3 m，且不应对其他构筑物、管道基础产生影响；

3 雨水入渗前应通过植被浅沟、沉淀（砂）池、植被缓冲带等设施对雨水进行预处理。

10.2.6 雨水滞蓄系统设计应符合下列规定：

1 对于污染严重的汇水区应选用植被浅沟、前池等对雨水径流进行预处理，去除大颗粒的沉淀并减缓流速；

2 屋面径流雨水应由管道接入滞留设施，场地及人行道径流可通过路牙豁口分散流入；

3 生物滞留设施应设溢流装置，可采用溢流管、排水篦子等装置，溢流口应高于设计液位 100 mm；

4 进水口、溢流口因冲刷造成水土流失时，应设置碎石缓冲或采取其他防冲刷措施；

5 生物滞留设施宜分散布置且规模不宜过大，生物滞留设施面积与汇水面面积之比一般为 5% ~ 10%；

6 生物滞留设施等宜选择耐盐、耐淹、耐污等能力较强的本土植物，且不应对当地生态系统或人类健康产生危害。

10.2.7 雨水调蓄系统设计应符合下列规定：

1 调蓄系统的设计标准应与下游排水系统的设计降雨重现期相匹配，且不宜小于 2 年。

2 景观水体、池（湿）塘、洼地，应优先作为雨水调蓄设施。

3 雨水调蓄设施的容积应能排空，且应优先采用重力排空。采用重力排空时，应控制出水管（渠）流量，可设置流量控制井或限制出水管管径等措施；采用机械排空时，其排水能力应在 12 h

内排空雨水。设于埋地调蓄池内的潜水泵应采用自动耦合式安装。

  4 应设外排雨水溢流口，溢流雨水应采用重力流排出。

  5 应设置便于沉积物清除的检查口。

  6 雨水调节设施应考虑周边荷载的影响，其竖向承载能力及侧向承载能力应满足上层铺装和道路荷载及施工要求。

10.2.8 初期雨水弃流设施的设置应符合下列规定：

  1 初期雨水弃流设施宜分散设置；

  2 有调蓄设施处宜合建；

  3 弃流雨水宜排入生物滞留等设施进行入渗处理或待雨停后排放至市政污水管道，条件允许时也可排入绿地；

  4 弃流雨水排入污水管道时应确保污水不倒灌；

  5 弃流设施宜有除砂措施。

10.2.9 当采用初期径流弃流池时，应符合下列规定：

  1 截流的初期径流雨水宜通过自流排除；

  2 当弃流雨水采用水泵排水时，池内应设置将弃流雨水与后期雨水隔离的分隔装置；

  3 应具有不小于 0.10 的底坡，并坡向集水坑；

  4 雨水进水口应设置格栅，格栅的设置应便于清理并不得影响雨水进水口的通水能力；

  5 排除初期径流水泵的阀门应设置在弃流池外；

  6 宜在入口处设置可调节监测连续两场降雨间隔时间的雨停监测装置，并与自动控制系统联动；

  7 应设有水位监测措施；

  8 采用水泵排水的弃流池内应设置搅拌冲洗系统。

10.2.10 渗透弃流井应符合下列规定：

1 井体和填料层有效容积之和不应小于初期雨水径流的弃流量；

2 井外壁距建筑物基础净距不宜小于 3 m；

3 渗透排空时间不宜超过 24 h。

10.2.11 透水土工布宜选用无纺土工织物，质量宜为 100 g/m^2 ~ 300 g/m^2，渗透性能应大于所包覆渗透设施的最大渗水要求，应满足保土性、透水性和防堵性的要求。

10.3 设施设计

10.3.1 透水铺装地面应符合下列规定：

1 透水铺装地面宜在土基上建造，自上而下设置透水面层、找平层、基层和底基层。

2 透水铺装结构应符合现行行业标准《透水砖路面技术规程》CJJ/T 188、《透水沥青路面技术规程》CJJ/T 190 和《透水水泥混凝土路面技术规程》CJJ/T 135 等现行有关标准的规定。

3 透水面层的渗透系数应大于 1×10^{-4} m/s，透水面砖的有效孔隙率不应小于 8%，透水混凝土的有效孔隙率不应小于 10%。

4 找平层的渗透系数和有效孔隙率不应小于面层，宜采用细石透水混凝土、干砂、碎石或石屑等材料。

5 基层和底基层的渗透系数应大于面层。底基层宜采用级配碎石、中、粗砂或天然级配砂砾料等，基层宜采用级配碎石或透水混凝土。透水混凝土的有效孔隙率应大于 10%，砂砾料和砾石的有效孔隙率应大于 20%。

6 透水铺装路面应满足承载力、透水、防滑等使用要求，严寒、寒冷地区尚应满足抗冻要求。

7 地下水位或不透水层埋深小于 1.0 m 时不宜采用透水铺装；径流污染严重的区域不宜采用透水铺装，若必须采用，需采取必要的措施防止地下水被污染。

10.3.2 渗井应符合下列规定：

1 雨水通过渗井下渗前宜通过植被浅沟、植被缓冲带等设施对雨水进行预处理。

2 井壁外应配置砾石层，井底渗透面距地下水位的距离不应小于 1.5 m；硅砂砌块井壁外可不敷砾石。

3 底部及周边的土壤渗透系数应大于 5×10^{-6} m/s。

4 渗井砾石层外应采用透水土工布或性能相似的材料包覆。

5 出水管的内底高程应高于进水管的内顶高程，但不应高于上游相邻井的出水管的内底高程。

6 有效储水容积应为入水口以下的井容积，井容积不足时，可在渗井周围连接水平渗排管，形成辐射渗井。

10.3.3 渗管（渠）应符合下列规定：

1 渗管（渠）宜采用穿孔塑料管、无砂混凝土管、塑料模块等材料，并外敷渗透层，渗透层宜采用砾石，渗透层外或塑料模块外应采用透水土工布包覆。

2 塑料管开孔率宜为 1%～3%，无砂混凝土管的孔隙率不应小于 20%。

3 渗管（渠）应能疏通，疏通内径不应小于 150 mm，检查井之间的管（渠）敷设坡度宜采用 0.01～0.02。

4 渗管（渠）应设检查井或渗井，井间距不应大于渗透管管径的 150 倍。检查井或渗井的出水管的内底高程应高于进水管的内顶高程，但不应高于上游相邻井的出水管的内底高程。渗透检查井应设 0.3 m 沉砂室。

5 渗管（渠）不应设在行车路面下。

6 地面雨水进入渗管（渠）前宜设泥沙分离渗透检查井或集水渗透检查井；地面雨水集水宜采用渗透雨水口。

7 渗管（渠）的储水空间应按集水深度内土工布包覆的容积计，有效储水容积应为储水空间容积与孔隙率的乘积。

8 渗管（渠）末端与雨水管网连接时，设施的末端应设置检查井和排水管，排水管连接到雨水排水管网。渗透管的管径和敷设坡度应满足地面雨水排放流量的要求，且渗透管管径不应小于 200 mm。

10.3.4 渗透塘应符合下列规定：

1 上游应设置沉沙或前置塘等预处理设施，并应能去除大颗粒污染物和减缓流速。

2 边坡坡度不宜大于 1∶3，表面宽度和深度的比例应大于 6∶1。

3 应设置渗透层和过滤层，渗透层不宜小于 300 mm，过滤层宜为 300 mm ~ 500 mm。

4 底部应为种植土，植物应在接纳径流之前成型，植物应既能抗涝又能抗旱，适应洼地内水位变化。

5 应设溢流设施，并与城市雨水管渠系统和超标雨水径流排放系统衔接。

6 宜设置排空措施，排空时间不宜大于 24 h。

7 应设有确保人身安全的措施。

8 有效储水容积应按设计水位和溢流水位之间的容积计。

10.3.5 绿色屋顶应符合下列规定：

1 绿色屋顶的构造应符合现行行业标准《种植屋面工程技术规程》JGJ 155 的要求，绿色屋顶种植基质深度应根据植物需求及屋顶荷载确定。简单式绿色屋顶的基质深度宜大于 150 mm，花园式绿色屋顶在种植乔木时基质深度不应小于 600 mm。

3 绿色屋顶种植土宜选用改良土或无机复合种植土，不得采用三合土、石渣、膨胀土等土壤作为栽植土。

4 绿色屋顶不宜选择根系穿刺性强的植物和速生乔木、灌木，宜选择抗污性强，可耐受、吸收、滞留有害气体或污染物的低矮灌木、草坪、地被植物等植物类型。

5 绿色屋顶雨水口应不低于种植土标高，可设置在雨水收集沟内或雨水收集井内，且屋面应有疏排水设施。雨水口负担的汇水面积不应超过其排水能力。

10.3.6 植被浅沟应符合下列规定：

1 地面绿化在满足景观要求的前提下，宜设置浅沟或洼地。

2 植被浅沟的介质层应包括种植土壤层、过滤层、入渗（存储）层等。

3 积水深度不宜超过 300 mm。

4 进水宜沿沟长多点分散布置。

5 宜采用平沟，并能储存雨水，有效储水容积应按积水深度内的容积计算。纵向坡度较大时应设置为阶梯形植被浅沟或在中途设置消能台坎。

6 入口处宜设置过滤缓冲带等预处理设施去除雨水径流中粒径较大的污染物。

7 应设置分流或内部溢流措施,用于排除超过设计标准的雨水。

8 植被浅沟内蓄积的雨水宜在 24 h 内入渗到土壤层,对环境品质和安全要求较高的地区,宜在 12 h 内完全入渗。

10.3.7 生物滞留设施应符合下列规定:

1 生物滞留设施从上而下应敷设种植土壤层、砂层,最下层也可增加设置砾石层。

2 生物滞留设施的浅沟应能储存雨水,蓄水深度不宜大于 300 mm。

3 浅沟沟底表面的土壤厚度不应小于 100 mm,渗透系数不应小于 1×10^{-5} m/s。

4 设有渗渠时,渗渠中的砂层厚度不应小于 100 mm,渗透系数不应小于 1×10^{-4} m/s;渗渠中砾石层厚度不应小于 100 mm。

5 砂层、砾石层周边和土壤接触部位应包覆透水土工布,土壤渗透系数不应小于 1×10^{-6} m/s。

6 生物滞留设施应按需要设计底层排水设施。

7 有效储水容积应根据浅沟的蓄水深度计算。

8 雨水以集中入流方式进入生物滞留设施时,入口处应采取防冲刷措施。

10.3.8 下凹式绿地应接纳硬化面的径流雨水,并应符合下列规定:

1 周边雨水宜分散进入下凹式绿地,当集中进入时应在入口处设置缓冲措施。

2 下凹式绿地植物应选用耐淹品种。

3 应低于周边硬化面,下凹深度宜为 50 mm ~ 100 mm,且不大于 200 mm。

4 应设置溢流口，溢流口顶部标高宜高于绿地 50 mm ~ 100 mm。

5 有效储水容积应按溢水排水口标高以下的实际储水容积计算。

6 当采用绿地入渗时可设置入渗池、入渗井等入渗设施增加入渗能力。

7 下凹式绿地宜分散布置。

10.3.9 雨水花园应符合下列规定：

1 雨水花园从上而下设置蓄水层、覆盖层、植被及种植土层、人工填料层和砾石排水层等。

2 雨水收集型雨水花园应设置地下排水层，排水能力不应小于雨水花园的最大入渗能力。

3 雨水入流处宜设置植被缓冲带等设施进行预处理。雨水花园中应设置溢流设施，溢流排水能力应不小于设计进水流量，溢流口应具有截污功能。

4 雨水花园应设置配水设施。

5 建造雨水花园前应检测场地内土壤的渗透性，土壤渗透性较差的场地应进行换土处理。

10.3.10 雨水湿地应符合下列规定：

1 雨水湿地一般由进水口、前池（前置塘）、沼泽区、出水池、溢流出水口、护坡及驳岸、维护通道等构成，可与湿塘合建。

2 雨水湿地应设置前池，并满足以下要求：不宜小于湿地总容积的15%；水深不宜大于 2 m；其表面长度与宽度比应为 2∶1 ~ 3∶1；流速应小于 0.25 m/s；宜使用堆石；与主池间的溢流堰总长度不宜少于前池宽度的 50%；应设置清淤通道。

3 沼泽区包括浅沼泽区和深沼泽区，其中浅沼泽区水深宜为

0 m～0.3 m，深沼泽区水深宜为 0.3 m～0.5 m。

4 出水池水深宜为 0.8 m～1.2 m，出水池容积约为总容积（不含调节容积）的 10%。

5 雨水湿地的调节容积应在 24 h 内排空。

6 湿塘堤顶高程应为极端暴雨水位出水口高程加 0.5 m。

7 对出水口应设置防堵塞的格栅、斜管等保护性措施。

10.3.11 雨水罐应符合下列规定：

1 雨水罐是地上或地下封闭式的简易雨水利用设施，可用于单体建筑屋面雨水的收集利用，多为成型产品。

2 雨水罐应经久耐用、防水性良好、外部不透明且内部清洁平滑。

3 雨水罐可采用塑料、玻璃纤维或金属等材料制成。

4 雨水罐需要配备合适的池盖。

10.3.12 蓄水池应符合下列规定：

1 宜布置在汇水区下游，且应设置在室外。埋地拼装蓄水池外壁与建筑物外墙的净距不应小于 3 m。

2 应设检查口或人孔，附近宜设给水栓和排水泵电源。室外地下蓄水池的人孔、检查口应设置防止人员落入水中的双层井盖或带有防坠网的井盖。

3 应设有溢流排水措施，溢流排水宜采用重力溢流排放。

4 设于机动车行车道下方时，宜采用钢筋混凝土池；设于非机动车道下方时，可采用塑料模块蓄水池、硅砂砌块蓄水池、管蓄式蓄水池等，且应采取防止机动车误入蓄水池上方行驶的措施。

5 蓄水池宜兼具沉淀功能。兼作沉淀作用时，应防止进、出水管短流，沉淀区高度不宜小于 0.5 m，缓冲区高度不宜小于

0.3 m，应具有排除池底沉淀物的条件或设施。

6 采用钢筋混凝土蓄水池时应设置集泥坑和吸水坑，池底应设不小于 5%的坡度坡向集泥坑，应设排泥设施，当不具备设置排泥设施或排泥确有困难时，应设搅拌冲洗设施，冲洗水源宜采用池水，并应与自动控制系统联动。

7 塑料模块和硅砂砌块蓄水池作为雨水储存设施时，池体强度应满足地面及土壤承载力的要求。外层应采用不透水土工膜或性能相同的材料包覆，池内构造应便于清除沉积泥沙。水池应设混凝土底板，当底板低于地下水位时，应满足抗浮要求。

8 管蓄式蓄水池作为雨水储存设施时，罐体环刚度应不小于 8 kN/m²，且池体强度应满足地面及土壤承载力的要求，管内径应不小于 1000 mm。

9 雨水在进入蓄水池前应进行截污、泥沙分离或粗过滤、沉砂等预处理。

10 蓄水池应设置进水管、出水管、溢流管，同时设置清洗、排气、防虫和除臭等附属设施和清淤检修人孔。

10.3.13 调节池应符合下列规定：

1 调节池宜优先利用天然洼地、池塘、景观水体等自然设施，其次再选择钢筋混凝土水池、塑料模块蓄水池、管蓄式蓄水池、硅砂砌块蓄水池等设施。

2 调节池可用于削减管渠峰值流量，或延缓峰值出现时间。

3 调节池可采用溢流堰式和底部流槽式。坡度较大时宜采用溢流堰式，坡度较小且管道埋深较大时宜采用底部流槽式。

4 调节池容积宜根据设计降雨过程变化曲线和设计出水流量变化曲线按 9.4 节计算确定。

5 调节池应配置进水管、出水管、溢流管等设施，进水管应设置格栅，出水管管径应根据库容量和排放时间进行计算确定。

10.3.14 调节塘应符合下列规定：

1 调节塘应设置前置塘对径流雨水进行预处理；进水口应设置碎石、消能坎等消能设施，防止水流冲刷和侵蚀。

2 调节塘由前置塘、进水口、调节区、出口设施、护坡及堤岸等构成。

3 调节塘及周边的土壤渗透系数应大于 1×10^{-6} m/s。

4 调节塘边坡坡度不应大于 1：4，长宽比宜为 2：1~3：1。

5 前置塘的设计的体积应至少有 15%的固定库容，深度不低于 1 m，流入前置池的雨水应先经过杂物筛过滤。

6 调节区深度宜为 0.6 m~3 m。塘底渗透面距离季节性最高地下水位或岩石层不应小于 1 m。调节塘出水设施宜设计成多级出水口形式，以控制调节塘水位；调节塘的最大排空时间不宜大于 24 h。

7 调节塘应设置护栏、警示牌等安全防护与警示措施。

10.3.15 湿塘应符合下列规定：

1 湿塘由进水口、前池（前置塘）、主塘、溢流出水口、护坡及驳岸、维护通道等构成，可与湿地合建。

2 前池入口和湿塘的进出口应安装过滤用杂物筛；前池体积应至少占初期容量的 15%；前池池底一般为混凝土或块石结构，便于清淤；边坡坡度（垂直：水平）不应大于 1：4；应设置清淤通道及防护设施。

3 主塘一般包括常水位以下的永久容积和调蓄容积。永久容积水深宜为 0.8 m~2.5 m，具有峰值流量削减功能的湿塘的调蓄容积应能在 24 h~48 h 内排空，边坡坡度不宜大于 1：6，并且永久容积不宜小于湿塘总储水容积的 50%。

4 宜建单一湿塘,当采用两个或两个以上湿塘串联时,其湿塘容积应为单一湿塘容积的 1.2 倍。

5 湿塘内的流路长度与塘宽之比应为 2 ~ 3,湿塘堤顶高程应为极端暴雨水位出水口高程加 0.5 m。

6 湿塘进水口和溢流出水口应设置碎石、消能坎等消能设施,出水口应设置防堵塞的格栅、斜管等保护性措施。

7 湿塘的设计须考虑如下安全措施:在湿塘周围设置警示牌,并宜安装栅栏;湿塘池深不宜超过 2 m;长期储水位 300 mm 以上应安装逆流梯式平台或斜坡平台;湿塘到池底的边坡坡度(垂直:水平)不应大于 1:4。

10.3.16 初期雨水弃流设施可分为下列类型:

1 弃流设施可分为成品和非成品两类。成品设施按照安装方式分为管道安装式、屋顶安装式和埋地式。管道安装式弃流装置主要分为累计雨量控制式、流量控制式等;屋顶安装式弃流装置有雨量计式;埋地式弃流装置有弃流井、渗透弃流装置等。非成品设施可分为小管弃流井和弃流池。

2 弃流设施按控制方式可分为自控弃流装置和非自控弃流装置。

3 弃流设施按弃流形式可分为自控弃流装置、渗透弃流装置、弃流池、雨落管弃流等。

4 小型弃流装置宜分散安装在立管或出户管上,当相对集中设置在雨水蓄水池进水口前端时,应采用能控制污染物浓度及雨量的弃流池。

10.4 设施智能化

10.4.1 低影响开发设施宜结合城市规模设置智能化雨洪管理系统，系统应具有暴雨及洪涝灾害预报预警、雨量监测、外排雨水流量监测、雨水调蓄池及雨水存储池水位监测、远程调蓄控制等功能。

10.4.2 雨水收集、储存及回用系统应具有自动控制、远程控制、就地手动控制功能，宜能实现远程放空控制。

10.4.3 对雨水处理设施、回用系统内的设备运行状态宜进行监控。

10.4.4 雨水处理设施运行宜自动控制。

10.4.5 当采用低洼地带等作为调蓄设施时应结合安全风险状况确定设置相应的预警装置和措施。

10.4.6 水量、主要水位、pH、浊度等常用控制指标应实现监测，有条件的可实现在线监测。

11 评估与验证

11.1 一般规定

11.1.1 设计方案在方案形成和确定的过程中，宜对低影响开发系统进行效果评估和目标可达性分析，并对评估和分析的结果进行优化。

11.1.2 当汇水面积超过 2 km² 时，宜考虑降雨在时空分布的不均匀性和管网汇流过程，采用数学模型法计算雨水设计流量。

11.2 评估与验证

11.2.1 新建项目宜以目标为导向进行评估与验证，改建项目宜以问题为导向进行评估与优化。

11.2.2 低影响开发工程的评估要素，应根据评估的目标选择单因素或多因素评估，并应符合下列规定：

1 以内涝防治为主要目标时，评估因素应包括工程前后的排涝标准达标与超标准积水风险缓解效果等内容；

2 以雨水资源利用为主要目标时，评估因素应包括工程前后平水年和枯水年的年雨水资源收集量、回用量和收集效率等内容；

3 以面源污染控制为主要目标时，评估因素应包括工程前后雨水径流污染削减率等内容；

4 以年径流总量控制为主要目标时，评估因素应包括年径流总量控制率、对应设计降雨下的径流总量控制率及年降雨下的径流总量控制率等内容；

5 以雨水径流源头控制为主要目标时,评估因素应包括设计降雨下的径流总量控制率、径流峰值流量削减率、径流峰值延迟时间等因素等内容;

6 当对低影响开发工程综合评估时,可选择以上 5 个因素的相关组合。

11.2.3 低影响开发雨水控制和利用工程的评估与验证流程宜按附录 J 进行,并应符合下列规定:

1 明确研究对象和研究范围;

2 现状资料收集整理与系统集成分析;

3 梳理诊断现状问题,理清主次需求;

4 确定设计目标和标准;

5 提出雨洪控制与利用方案;

6 评估方案效果,提出优化建议或进行方案优化;

7 确定满足目标和标准的优化方案。

12 植物配置

12.1 一般规定

12.1.1 低影响开发雨水系统植物筛选应符合下列规定：

    1 应根据项目所在地区的气候条件、降雨条件及土壤类型等自然条件选择；

    2 应根据雨水设施的滞水深度，滞水时间，种植土性状及厚度、进水水质污染负荷等条件选择；

    3 应根据植物种类的耐水湿，耐干旱，耐寒及耐荫性等生态习性选择；

    4 宜根据场地景美学要求，结合植物的生物学特性及观赏特性，丰富物种搭配，提高群落稳定性选择；

    5 宜优先选择适应场地环境的低维护乡土植物，慎用外来物种，禁用外来入侵物种。

12.1.2 植物配置宜搭配多种不同植被，提高景观性、生物多样性及功能性。

12.1.3 植物植株应生长健壮、株型完整，胸径、株高、冠幅、主枝长度和分支点高度应符合现行行业标准《城市绿化和园林绿地用植物材料 木本苗》CJ/T 24 的规定。

12.2 植物配置

12.2.1 低影响开发设施设置栏杆等硬性防护措施后，宜采用多层次灌木进行隔离、美化。

12.2.2 植被浅沟植物选择应以乡土草本地被植物为主，宜选用易维护、覆盖能力强、耐淹且耐旱的植物，根据景观需要可在沟边点缀具上述生态习性的花灌木。同时，滞留型植被浅沟应加大种植密度，以增加水流阻力，延长雨水径流在沟内的滞留时间。

12.2.3 下凹式绿地宜选用根系发达、净化能力强且耐短时水淹，并有一定抗旱能力的植物种类。

12.2.4 雨水花园应结合汇入的雨水水质和水质净化目标，选用净化水体污染效果较好，既耐水湿又耐旱的草本及花灌木植物。

12.2.5 雨水湿地应根据设计水深和水体污染物的净化目标选择相应的植物种类。

附录 A 年径流总量控制率与设计降雨量之间的 关系

A. 0. 1 城市年径流总量控制率对应的设计降雨量值的确定，是 通过统计学方法获得的。

根据中国气象科学数据共享服务网中国地面国际交换站气 候资料数据，选取至少近 30 年（反映长期的降雨规律和近年气候 的变化）日降雨（不包括降雪）资料，扣除小于等于 2 mm 的降 雨事件的降雨量，将降雨量日值按雨量由小到大进行排序，统计 小于某一降雨量的降雨总量（小于该降雨量的按真实雨量计算出 降雨总量，大于该降雨量的按该降雨量计算出降雨总量，两者累 计总和）在总降雨量中的比率，此比率（即年径流总量控制率） 对应的降雨量（日值）即为设计降雨量。

设计降雨量是各城市实施年径流总量控制的专有量值，考虑 不同城市的降雨分布特征不同，各城市的设计降雨量值应单独推 求。各地的设计降雨量值可根据以上方法获得，资料缺乏时，可 根据当地长期降雨规律和近年气候的变化，参照与其长期降雨规 律相近的城市的设计降雨量值。

附录 B 四川省部分城市年径流总量控制率对应的设计降雨量

表 B 四川省部分城市年径流总量控制率对应的设计降雨量

地区	不同年径流总量控制率对应的设计降雨量/mm					
	60%	65%	70%	75%	80%	85%
成都市	14.4	17.4	21.2	26.1	32.7	40.7
绵阳市	15.6	18.7	22.4	27.5	33	41.5
自贡市	13.0	15.9	18.5	22.4	27.3	34.0
攀枝花市	13.7	16	18.6	21.8	25.7	30.9
泸州市	12.5	15.2	18.3	22.3	28.0	35.9
德阳市	14.6	18.0	21.5	26.7	32.0	40.0
广元市	16.3	19.5	23.2	27.8	33.3	40.5
遂宁市	14.2	17.2	20.9	25.7	32.1	41.1
内江市	14.0	16.7	19.7	23.8	28.7	36.2
乐山市	15.7	19.3	23.9	29.5	36.9	46.8
眉山市	14.0	16.7	19.8	24.7	28.9	36.3
资阳市	15.4	18.8	23.0	28.3	36.0	47.2
宜宾市	12.7	15.3	18.6	22.8	28.3	35.8
南充市	13.7	16.5	19.8	24.1	29.5	37.2

地区	不同年径流总量控制率对应的设计降雨量/mm					
	60%	65%	70%	75%	80%	85%
达州市	15.1	17.9	21.1	25.1	30.1	36.3
雅安市	17.3	20.0	25.0	31.8	40.0	50.0
广安市	12.5	15.0	17.6	21.5	28.4	37.4
西昌市	12	14.6	16.2	19.1	23.0	27.5
崇州市	14.6	—	21.3	26.3	32.7	41.8
安岳县	15.1	17.2	20.5	24.8	30.1	38.5
大竹县	19	22	25	29	34	40
江油市	17.8	22.5	26.0	32.5	39.1	52.2
平昌市	18.5	—	26.7	32.4	39.4	48.2
西充县	15	—	20.5	24.4	28.8	36.4

注：雨量数据来源气象部门及各地的海绵城市专项规划。

附录 C 建筑与小区低影响开发设计流程

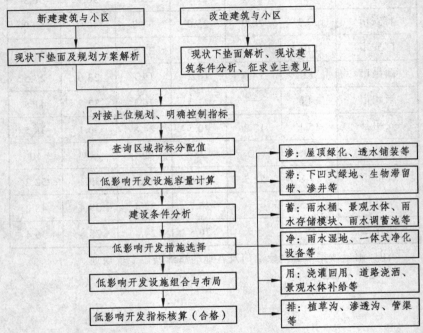

图 C 建筑与小区低影响开发设计流程图

附录 D 城市绿地与广场低影响开发设计流程

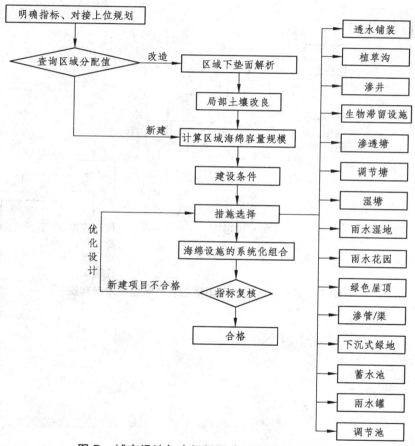

图 D 城市绿地与广场低影响开发设计流程图

附录 E 生态阻控技术流程

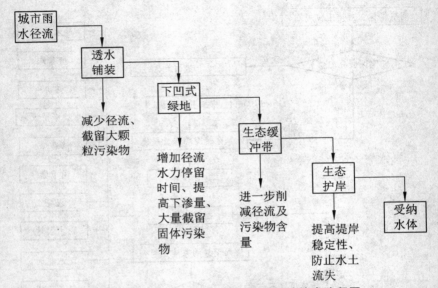

图 E 城市雨水径流污染梯级生态阻控技术流程图

附录 F 城市水系低影响开发措施衔接关系

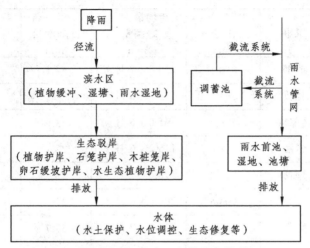

图 F 城市水系低影响开发措施衔接关系图

附录 G 四川省部分城市降雨资料

表 G 四川省部分城市降雨资料

序号	城市	年均降雨量 /mm	年均最大月 降雨量 /mm	一年一遇 日降雨量 /mm	两年一遇 日降雨量 /mm
1	成都	870.1	224.5（7 月）	54.5	87.6
2	甘孜	643.5	132.8（6 月）	21.1	26.3
3	马尔康	786.4	155.0（6 月）	23.0	32.2
4	松潘	718.0	115.2（6 月）	22.1	28.4
5	理塘	717.3	178.0（7 月）	25.9	33.3
6	九龙	904.5	200.0（6 月）	27.5	35.8
7	宜宾	1063.1	228.7（7 月）	57.7	95.5
8	西昌	1013.5	240.7（7 月）	43.1	64.4
9	会理	1152.8	275.1（7 月）	55.2	77.0
10	万源	1193.2	244.5（7 月）	67.1	101.9
11	南充	987.2	188.3（7 月）	51.8	85.4

附录 H 四川省部分城市暴雨强度公式

表 H 四川省部分城市暴雨强度公式

序号	城市	暴雨强度公式	序号	城市	暴雨强度公式
1	德格	$i = \dfrac{14.3906 + 12.5944 \lg T}{(t + 7.2982)^{1.0821}}$	11	雅安	$i = \dfrac{8.2145 + 8.1079 \lg T}{(t + 18.9476)^{0.5778}}$
2	甘孜	$i = \dfrac{4.4812 + 3.7359 \lg T}{(t + 4.0119)^{0.8102}}$	12	成都	$i = \dfrac{44.594 + 29.031 \lg T}{(t + 27.346)^{\left[0.953(\lg T)^{-0.017}\right]}}$
3	马尔康	$i = \dfrac{11.2061 + 12.9662 \lg T}{(t + 8.4126)^{1.0025}}$	13	康定	$i = \dfrac{2.3971 + 4.3267 \lg T}{(t + 4.2632)^{0.8475}}$
4	小金	$i = \dfrac{9.7448 + 11.4891 \lg T}{(t + 8.8399)^{1.0009}}$	14	峨眉山	$i = \dfrac{23.3376 + 14.2488 \lg T}{(t + 22.5631)^{0.8273}}$
5	松潘	$i = \dfrac{30.0778 + 41.0314 \lg T}{(t + 18.7333)^{1.1813}}$	15	乐山	$i = \dfrac{8.7788 + 5.3098 \lg T}{(t + 22.5876)^{0.5452}}$
6	都江堰	$i = \dfrac{90.4146 + 69.5252 \lg T}{(t + 46.0768)^{1.0666}}$	16	木里	$i = \dfrac{150.6244 + 143.9027 \lg T}{(t + 35.6262)^{1.3763}}$
7	平武	$i = \dfrac{9.5574 + 12.1855 \lg T}{(t + 12.982)^{0.801}}$	17	九龙	$i = \dfrac{6.1943 + 5.9528 \lg T}{(t + 6.2546)^{0.8624}}$
8	绵阳	$i = \dfrac{37.8173 + 28.2662 \lg T}{(t + 36.9741)^{0.9178}}$	18	越西	$i = \dfrac{14.7493 + 12.0641 \lg T}{(t + 18.5659)^{0.846}}$
9	巴塘	$i = \dfrac{6.5226 + 7.272 \lg T}{(t + 6.5812)^{0.9354}}$	19	昭觉	$i = \dfrac{174.9625 + 148.5352 \lg T}{(t + 39.3649)^{1.3524}}$
10	新龙	$i = \dfrac{21.8666 + 23.5403 \lg T}{(t + 11.3272)^{1.2039}}$	20	雷波	$i = \dfrac{53.6109 + 45.1746 \lg T}{(t + 36.0659)^{1.0606}}$

序号	城市	暴雨强度公式	序号	城市	暴雨强度公式
21	宜宾	$i = \dfrac{183.6961 + 145.5151 \lg T}{(t + 45.9298)^{1.2256}}$	28	巴中	$i = \dfrac{8.0705 + 5.4093 \lg T}{(t + 13.706)^{0.6156}}$
22	盐源	$i = \dfrac{71.9779 + 65.6011 \lg T}{(t + 37.4187)^{1.1527}}$	29	达州	$i = \dfrac{21.8033 + 16.8034 \lg T}{(t + 22.4183)^{0.8438}}$
23	西昌	$i = \dfrac{5.6288 + 5.6816 \lg T}{(t + 14.3157)^{0.5913}}$	30	遂宁	$i = \dfrac{22.4971 + 16.234 \lg T}{(t + 27.172)^{0.8164}}$
24	会理	$i = \dfrac{21.6526 + 13.1409 \lg T}{(t + 29.6115)^{0.8072}}$	31	南充	$i = \dfrac{28.6611 + 22.629 \lg T}{(t + 26.1491)^{0.9068}}$
25	广元	$i = \dfrac{28.6787 + 22.4137 \lg T}{(t + 25.3663)^{0.9207}}$	32	内江	$i = \dfrac{21.8139 + 19.1897 \lg T}{(t + 22.5241)^{0.8336}}$
26	万源	$i = \dfrac{10.9965 + 10.4375 \lg T}{(t + 12.3277)^{0.755}}$	33	泸州	$i = \dfrac{71.7533 + 39.8695 \lg T}{(t + 41.6259)^{1.0169}}$
27	阆中	$i = \dfrac{10.3787 + 6.6726 \lg T}{(t + 17.9746)^{0.6598}}$	34	叙永	$i = \dfrac{13.1995 + 18.6746 \lg T}{(t + 14.514)^{0.7908}}$

注：当地无暴雨强度公式的地区，可参照此表中相邻地区暴雨强度公式。

本表引自：邵尧明，邵丹娜著《中国城市新一代暴雨强度公式》2014 年 10 月。

表中　T——设计重现期（年）；

　　　　t——降雨历时（min）；

　　　　i——暴雨强度（mm/min）。

附录 J 低影响开发工程的评估与验证设计流程

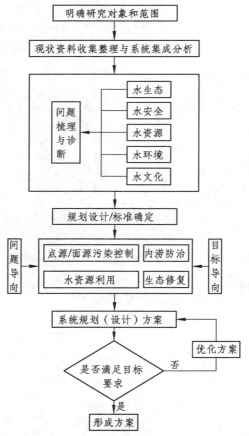

图 J 低影响开发工程的评估与验证设计流程图

本标准用词说明

　　1　为便于在执行本标准条文时区别对待,对要求严格程度不同的用词说明如下:

　　1)表示很严格,非这样做不可的:

　　　　正面词采用"必须",反面词采用"严禁"。

　　2)表示严格,在正常情况下均应这样做的:

　　　　正面词采用"应",反面词采用"不应"或"不得"。

　　3)表示允许稍有选择,在条件许可时首先应这样做的:

　　　　正面词采用"宜",反面词采用"不宜"。

　　4)表示有选择,在一定条件下可以这样做的,采用"可"。

　　2　条文中指明应按其他有关标准执行的写法为"应符合……的规定"或"应按……执行"。

引用标准名录

1 《室外排水设计规范》GB 50014

2 《建筑给水排水设计规范》GB 50015

3 《防洪标准》GB 50201

4 《城市排水工程规划规范》GB 50318

5 《建筑中水设计规范》GB 50336

6 《屋面工程技术规范》GB 50345

7 《建筑与小区雨水控制及利用工程技术规范》GB 50400

8 《民用建筑节水设计标准》GB 50555

9 《蓄滞洪区设计规范》GB 50773

10 《城市防洪工程设计规范》GB/T 50805

11 《城市水资源规划规范》GB/T 51051

12 《城镇雨水调蓄工程技术规范》GB 51174

13 《公园设计规范》GB 51192

14 《城镇内涝防治技术规范》GB 51222

15 《城市污水再生利用 城市杂用水水质》GB/T 18920

16 《城市污水再生利用 景观环境用水水质》GB/T 18921

17 《绿色建筑评价标准》GB/T 50378

18 《城市绿地设计规范》GB/T 50420

19 《透水路面砖和透水路面面板》GB/T 25993

20 《城市道路绿化规划与设计规范》CJJ 75

21 《城市绿地分类标准》CJJ/T 85

22 《透水水泥混凝土路面技术规程》CJJ/T 135

23 《透水沥青路面技术规程》CJJ/T 190

24 《透水砖路面技术规程》CJJ/T 188

25 《园林绿化工程施工及验收规范》CJJ 82

26 《城市绿化和园林绿地用植物材料 木本苗》CJ/T 24

27 《种植屋面工程技术规程》JGJ 155

28 《水利水电工程等级划分及洪水标准》SL 252

四川省工程建设地方标准

四川省低影响开发雨水控制与利用工程设计标准

Design standard for rainwater management and utilization of low impact development projects in Sichuan province

条 文 说 明

目　次

1 总　　则

1.0.1　本条说明了本规程编制的目的和用途。

　　海绵城市建设是一项系统性、长期性的工程。为贯彻2013年中央城镇化工作会议精神，结合四川省的地域特点，建设或修复水环境与生态环境，构建城镇源头雨水低影响开发系统，依据我国住房和城乡建设部2014年发布的《海绵城市建设技术指南——低影响开发雨水系统构建（试行）》和现行国家标准《水资源规划规范》GB/T 51051、《建筑与小区雨水控制及利用工程技术规范》GB 50400、《室外排水设计规范》GB 50014等技术标准，编制本标准，指导和促进四川省海绵城市建设，规范我省低影响开发雨水控制与利用工程设计。

　　低影响开发雨水控制与利用工程设计，涵盖"渗、滞、蓄、净、用、排"等多种工程技术措施。本标准按照因地制宜和低影响开发的原则，加大城市径流雨水源头减排的刚性约束，优先利用自然排水系统，建设生态排水设施，充分发挥城市绿地、道路、水系等对雨水的吸纳、蓄渗和缓释作用，使城市开发建设后的水文特征接近开发前，缓解城市内涝、削减城市径流污染负荷、节约水资源、保护和改善城市生态环境。

　　我省的国家级海绵城市建设试点城市遂宁，省级海绵城市建设试点城市绵阳、成都、泸州、西昌、自贡等，已在海绵城市建设方面做了大量的工作，积累了一些很好的经验，但在推进过程中也出现了一些待规范和改进的问题。建设具有自然积存、自然渗透、自然净化功能的海绵城市是生态文明建设的重要内容，是实现新型城镇化和环境资源协调发展的重要体现，也是今后我省城市建设的重大任务。

1.0.2 本条说明了本标准的适用范围。

四川省新建、改建、扩建的建筑、小区及市政建设项目均应考虑低影响开发雨水控制与利用工程，本标准适用于相应设计项目。本标准不适用于雨水作为生活饮用水水源的雨水利用工程。

1.0.3 本条规定了低影响开发雨水系统应与主体工程同步实施。

在国家标准《建筑与小区雨水控制及利用工程技术规范》GB 50400—2016 中，本条文相关要求为强制性条文，必须严格执行。低影响开发雨水控制与利用设施与项目建设用地密不可分，甚至其本身就是场地建设的组成部分。故工程项目建设设计文件应包括雨水控制与利用的相关内容，这样才能保证低影响开发设施的合理性、经济性和适宜性，也有利于后期安全、高效地运营和管理。

1.0.4 本条规定了低影响开发雨水控制与利用工程设计应遵循的原则。

低影响开发雨水系统设计应根据建设项目的降雨特征、地形地貌、土壤特性、水系分布、地下水位等具体情况，综合考虑其径流总量控制、径流峰值控制、径流污染控制、雨水资源化利用等规划建设目标，通过技术经济比较，因地制宜地选择"渗、滞、蓄、净、用、排"等海绵性工程技术措施。

四川省行政区域内，盆地中部和东部地区年均降雨量差异较大，地形地貌和土壤特性复杂多样，应因地制宜地选择低影响开发雨水系统。又如四川省存在面积较大的地震多发区、冻土区和膨胀土区等特殊地质和土壤条件，海绵性措施应遵循因地制宜和安全经济的原则。地震多发区应加强生态修复和水土保持，冻土区应考虑海绵设施季节性和防冻问题，膨胀土区的雨水入渗应考虑对建筑物地基安全的影响等。

3 基本规定

3.0.1 本条对海绵城市建设低影响开发雨水控制和利用的内容进行了规定,以达到延缓径流峰值出现时间、减轻城市内涝、保护和改善生态环境为目的。

低影响开发提倡雨水的源头控制和分散控制,尽可能恢复场地开发前的水文特征。建设用地开发前是指城市化之前的自然状态,一般为自然地面,产生的地面径流很小,径流系数一般为 0.2 ~ 0.3。建设用地外排的雨水设计流量应尽可能维持在这一水平。

3.0.2 对低影响开发雨水系统的设计标准和上位规划的关系进行了规定。

低影响开发雨水系统的设计目标和指标应满足上位规划的要求,且应当说明:低影响设施应符合该地区的城市设计要求;低影响开发雨水系统不能降低城市排水、防涝等设计标准,影响公共安全;低影响开发项目的雨水管渠设计重现期,不应低于现行国家标准《室外排水设计规范》GB 50014的相关要求。

3.0.3 在低影响开发雨水控制与利用工程中,可因地制宜地采用"渗、滞、蓄、净、用、排"的一项或多项技术措施。

3.0.6 对于可能造成地面坍塌、滑坡的场所,对居住环境及自然环境造成危害的场所,以及自重湿陷性黄土、膨胀土和含高盐土等特殊土壤地质的场所,不得采用雨水入渗系统。

当采用下沉调蓄广场、下凹式绿地、雨水花园等低影响开发设施时，需要考虑在淹没状态下用电设备的防触电措施。园林景观的植物选择应适应雨水控制与利用的需求。

3.0.7 对有特殊污染源地区的低影响开发雨水系统进行了规定。

低影响开发雨水控制与利用设计，仅针对未受特殊污染的雨水。某些用地（如垃圾填埋场、石油化工、冶金制造等）由于存在土壤污染风险等问题，其用地内雨水容易受特殊污染源污染，对此类含特殊污染源的雨水径流，需经过特殊深度处理，仅按本规程的规定是不够的，因此需专题论证。

3.0.8 低影响开发雨水系统构建是一个系统工程，需要相关专业密切配合、协同设计才能完成。给排水专业应发挥工艺专业的作用，综合考虑低影响开发雨水控制与利用工程的系统性、经济性和安全性，以及低影响设施后期的高效运行。

对于已编制海绵城市专项规划的城市，给排水专业应负责落实和分解海绵城市建设相关控制性指标和引导性指标，进行系统设计和计算，满足上位规划要求。同时，还应与景观、建筑、结构、道路、防洪、电气等相关专业密切配合，进行低影响设施设计。

如年径流总量控制指标、低影响开发雨水系统设计、低影响设施规模和布置、雨水流量的确定等需要给排水专业配合，屋面雨水的收集、屋面绿化设计等需要建筑和景观专业配合，室外雨水的入渗、净化和调蓄等需要总图、景观、道路等专业的配合，方可达到建设用地内年径流总量控制指标。

对于未编制海绵城市专项规划的城市，给排水专业应根据国家和地方相关规定，结合项目具体情况提出各项海绵城市建设目标，并与相关专业密切配合，落实相关低影响设施，确保项目的适宜性、经济性和可操作性。

应当说明，景观、建筑、结构、道路、防洪、电气等专业进行低影响开发雨水控制和利用工程时，除应满足本设计标准外，尚应执行相关专业的有关规范。

4 建筑与小区

4.1 一般规定

4.1.1 建筑与小区低影响开发雨水控制与利用工程是一个系统工程，设计内容应包括系统整体设计和相关配套设计。

低影响开发雨水系统整体设计应由给排水专业协调相关专业，按海绵城市上位规划指标或当地相关技术文件的要求，综合考虑项目各种因素，因地制宜地确定低影响开发雨水系统的整体工艺，以及低影响开发设施的类型、规模和布局等内容，并将低影响开发雨水系统和市政雨水管网系统有机衔接为一个整体。

低影响开发雨水控制与利用工程的配套设计，涉及场地、建筑、小区道路、小区绿地、低影响开发设施等方面，各专业应协调配合。

4.1.2 雨水年径流总量控制率是《海绵城市建设绩效评价与考核指标（试行）》（建办城函〔2015〕635号）的约束性指标，应严格执行。

按国家和四川省相关文件的要求，我省很多城市（镇）已相继开展了海绵城市专项规划的编制工作，部分城市已经完成了编制。例如，国家级海绵城市建设试点城市遂宁，省级海绵城市建设试点城市绵阳、成都、泸州、西昌、自贡等，已逐渐完成了海绵城市专项规划的编制工作。在海绵城市专项规划的管控分区（单元）中，已对年径流总量控制率、径流污染控制率等约束性指标，提出了要求，应遵照执行。同时，海绵城市专项规划一般还根据当地的水生态、水环境、水资源、水安全和水文化，提出了鼓励性指标和特色指标，也应因地制宜地落实。

对于海绵城市建设相关技术管理文件不完善的城市（镇），建筑与小区低影响开发雨水控制与利用工程设计应加强现场调研，参照 2014 年 10 月住房和城乡建设部发布的《海绵城市建设技术指南》中我国大陆地区年径流总量控制率分区图确定。

2015 年 10 月，《国务院办公厅关于推进海绵城市建设的指导意见》（国办发〔2015〕75 号）要求通过海绵城市建设，综合采取"渗、滞、蓄、净、用、排"等措施，最大限度地减少城市开发建设对生态环境的影响，将 70% 的降雨就地消纳和利用。到 2020 年，城市建成区 20% 以上的面积达到目标要求；到 2030 年，城市建成区 80% 以上的面积达到目标要求。考虑到改建项目的实施难度和经济效益，改建工程年径流总量控制率不应低于 60%。

4.1.3 对未编制海绵城市建设专项规划城市（镇）的建筑与小区雨水控制与利用工程设计，本条对主要引导性指标，提出了要求。

通过相关单位的研究标明，在 5 年重现期标准下，外排雨水流量径流系数控制在不大于 0.4，正确设置雨水口，考虑一定的调蓄空间时，可以达到对年均雨水径流总量控制在 85% 的水平。新建区域的开发前状态为农田或绿地，绿地的流量径流系数一般为 0.25，当绿地土壤饱和后，径流系数可达 0.4。为满足低影响开发的要求，新开发区域开发后外排总量应不大于开发前的水平。

已建成小区原有雨水控制与利用设施较少，海绵城市建设应以问题为导向，着重解决雨污分流、小区内涝、削减面源污染等问题。按照建筑小区室外排水设计中常用的 2～5 年的重现期标准，本标准对已建成小区雨水径流系数，建议取 0.5。

成都市 2017 年 5 月在《成都市海绵城市规划建设管理技术规定（试行）》（成建委〔2017〕413 号）对海绵性建设指标做出了规定，如下表 1。对于尚未完成海绵城市专项规划编制的城市（镇），可根据本地的情况，制定相关海绵城市建设的强制性指标和引导性指标。

表 1　建筑与小区海绵城市建设指标表

指标类别		所在区域			
		新建项目		改、扩建项目	
		住宅	公共建筑	住宅	公共建筑
强制性指标	年径流总量控制率	70%	80%	60%	70%
引导性指标	单位硬化面积调蓄容积	4 m³/100 m²		—	
	透水铺装率	50%	60%	40%	50%
	下凹式绿地率	50%	50%	40%	40%
	绿色屋顶率	30%	40%	10%	10%
	雨水回用率	10%	10%	5%	5%

应当说明，海绵城市各指标之间存在密切的关系，年径流污染削减率可以通过年径流控制率来实现，雨水资源化利用可以实现部分年径流总量控制目标，综合径流系数降低有利于提

高年径流总量控制率和控制径流污染。建筑与小区透水铺装、下沉式绿化等海绵性设施有利于提升雨水年径流总量控制率。参照广西壮族自治区、上海市、河北省、深圳市、厦门市、武汉市等地方标准，结合四川省的地域特点以及成都市建筑与小区海绵城市建设指标要求，本标准对我省海绵城市的下凹式绿地率、透水铺装率、绿色屋顶率等引导性指标，提出了要求。

4.1.4 建筑与小区的雨水径流峰值应进行控制，以减小暴雨峰值流量对市政雨水系统的冲击。建筑小区的低影响开发雨水系统是城市内涝防治系统的主要组成部分，应与市政雨水系统及超标雨水排放系统相衔接，建立从源头到末端的全过程雨水控制与管理体系。

低影响开发雨水系统有利于减轻城市内涝，但低影响开发设施受降雨频率、暴雨雨型、低影响开发设施的维护管理等因素的影响。一般对中、小降雨事件，或暴雨峰值靠前的雨型，峰值削减效果较好；对于暴雨峰值靠后的雨型，特大型暴雨事件，虽然可起到一定的削峰、延峰作用，但其峰值削减幅度不大。因此，建筑与小区的雨水管道（渠）和泵站的设计重现期和流量径流系数，仍应符合现行国家标准《室外排水设计规范》GB 50014 中的相关规定。

雨水管渠和泵站的设计重现期、径流系数等应根据汇水地区的重要性、城镇性质、地形特点和气候特征等因素，经技术经济比较后确定。经济条件较好、人口稠密、内涝易发的城镇，宜采用规定的上限。老城区内建筑与小区应结合地区改建、道路建设等更新排水系统，同一排水系统可采用不同的设计重现期。

4.1.5 建筑与小区的雨水径流污染控制是构建低影响开发雨水系统的重要内容。排入城市地表水体的雨水水质应满足该水体的水质要求。

雨水径流污染控制指标包括：年 SS 总量去除率，CODcr 去除率，总氮、氨氮、总磷削减率等内容。建筑与小区的年 SS 总量去除率应不低于 40%，条件较好的区域宜达到 60%。建筑与小区雨水系统的总氮、氨氮、总磷浓度应满足相关水质的相应要求。

建筑与小区排入市政雨水管道的污染物总量可通过减排雨水量、增加初期雨水弃流措施等方式控制。减排雨水量可通过增加雨水入渗、提高雨水资源化利用等措施。通过初期雨水弃流措施，对初期雨水进行弃流和处理，可以减少 SS 等初期雨水污染物对地表水体环境的冲击；同时，通过增加雨水年 SS 总量去除率，可相应提升雨水的 CODcr、总氮、氨氮、总磷等指标的削减率。

通过初期雨水弃流措施，把初期径流雨水隔离出来，一般可使后续雨水的主要污染物平均浓度不超过以下指标：CODcr 为 70 mg/L ~ 100 mg/L，SS 为 20 mg/L ~ 40 mg/L，色度为 10 度 ~ 40 度。对于建筑与小区的 SS 总量去除率不低于 40%。

4.2 系统设计

4.2.1 建筑与小区的低影响开发雨水控制与利用工程是一个系统工程，应根据土地使用性质和指标、下垫面特征、项目特点和地质勘查资料等进行系统设计。首先，低影响开发雨水控制与利用工程设计涉及给排水、建筑、景观、道路、水文等专业，需要各专业密切配合，统筹考虑。其次，年雨水径流总量控制率、径流峰值流量、径流污染控制率、雨水资源化利用率等海绵城市规划指标或建设目标，需要综合考虑各种因素，因地制宜采用"渗、滞、蓄、净、用、排"等低影响措施，合理系统设计，才能落实。

4.2.2　海绵城市建设应统筹考虑，系统推进。建设用地面积大于等于5公顷的工程，低影响开发雨水系统复杂，低影响设施种类繁多，项目投资较大，涉及相关部门和专业较多，为了提高设计质量，达到适用、经济、绿色、美观的要求，应制定建设用地内的海绵城市建设专项方案，经相关部门专项评审后，再进行低影响开发雨水控制与利用工程设计。本条文也参考了北京市地方标准《城市雨水利用工程技术规程》DB11/T 685 的相关规定。

4.2.3　本条规定了建筑与小区低影响开发雨水控制与利用工程设计方案的内容。

　　建筑与小区低影响开发雨水控制与利用设计方案，应分解、计算、落实海绵城市建设的年径流总量控制率、径流峰值流量、径流污染控制率及雨水资源化利用率等各项指标要求，提出雨水控制与利用的系统方案和策略，确定工程设施规模和布局，提供工程投资估算。

4.2.4　本条提出了建筑与小区雨水控制与利用系统的选用原则。

　　1　建筑与小区低影响开发雨水控制与利用的系统选择，

应首先对下垫面的地质勘查资料和土壤特性进行分析，自重湿陷性黄土、膨胀土和含高盐土等特殊土壤地质的场所不得采用雨水入渗系统，回填土应考虑建筑垃圾和密实度的影响。

2 除膨胀土、湿陷性黄土等特殊地区外，建筑与小区可通过植草沟、渗井、渗管、透水铺装和下凹式绿地等措施，达到雨水入渗和滞蓄的目的。

3 屋面雨水宜优先排入绿地，进行自然入渗、净化和间接利用。屋面面积较大，污染较轻的屋面雨水宜进行收集回用。屋面雨水接入绿地时可采用雨水管断接的方式，高层屋面雨水需进行消能处理。

4 体育馆、博物馆、展览馆、商场、公交场站等大型公共建筑，其屋面面积大，可收集雨水量多，适合收集回用。经处理后的屋面雨水，可用于绿地浇灌、地面冲洗、冲厕等场所。回用雨水应满足相应用途的水质标准。

5 外排雨水量大于市政管网接纳能力的项目应设调蓄排放系统，减小雨水的峰值流量，削减城市内涝。

6 机动车道的径流雨水水质一般较差，可采用绿地、植被浅沟等生态设施净化处理，控制面源污染，也可采用一些渗排一体化设施渗透、净化和排放雨水。建筑小区的渗排一体化设施可设置在绿地或透水铺装下面。机动车道旁的渗排一体化设施，超出入渗能力的雨水应输送至排水管渠排放。

4.2.5 本条为推荐的雨水控制与利用工程设计流程和解析内容，设计人员在具体项目设计过程中可根据项目实际情况合理安排设计流程。

4.3 小区场地

4.3.1 本条规定了建筑与小区低影响开发雨水控制与利用工程的场地设计内容。

场地总平面设计主要包括：建筑及附属设施、道路、绿地、水系和低影响设施的整体布局，建筑小区与市政道路的关系，建筑小区景观设计，地下空间的合理开发等内容。

场地竖向设计主要包括：建筑及附属设施、道路、绿地、水系的标高关系，建筑小区与市政道路的标高关系，建筑小区沟渠、水系的坡度和标高关系等内容。

低影响开发雨水系统设计主要包括：低影响开发雨水系统工艺流程、低影响开发雨水系统和市政雨水管网系统有机衔接等内容。

4.3.2 实施低影响开发理念的建筑与小区，总平面布局时应协调好建筑及附属设施与低影响开发设施之间的关系，并应符合下列规定：

1 小区内非机动车道路的超标雨水应优先排入周边绿地中消纳，人行道、广场、露天停车场和庭院步道等应尽量坡向绿地或设置适当的雨水导流设施，使雨水流入绿地消纳。

2 面积较大、非单一地块的建筑小区，应协调好项目整体规划目标的落实；

3 为了给雨水回补地下水提供渗透路径和储蓄空间，对地下空间开发的占地面积比例和集中绿地覆土厚度提出了要求；

4 建筑小区应按总用地规模可开发进度同步建设雨水调蓄和利用设施。

4.3.3 本条规定了场地竖向设计的基本要求。

场地竖向设计与合理组织地面排水有着密切的联系，合理的竖向设计是低影响开发雨水系统规划的基础，需要重点考虑下列内容：

1 在分析场地现状的基础上，结合规划设计条件，充分尊重原有的地形地貌，不宜大范围改变原有的排水方向。为了便于道路上的雨水排水临近绿地中，在低影响开发雨水系统规划时，需要降低绿地标高，特别是道路旁相邻布置有下凹式绿地的地段，道路在竖向上宜高出绿地标高 150 mm 以上。

2 应充分结合场地竖向关系布置排水设施，如植被浅沟、渗排水沟等。

3 竖向设计时，需要尽量遵循雨水的重力流原则，利用竖向条件组织雨水径流，将高处的雨水逐级汇入低处的低影响开发设施内。

4 为了保证汇水低洼区的安全，在竖向设计中应设置超标雨水排水出路和安全警示标识。

4.3.4 本条规定了低影响开发设施的布置要求。

建筑与小区雨水控制与利用设施的布置应秉持低影响开发的理念，保护和合理利用场地内原有的水体、湿地、坑塘、沟渠等水系，优化不透水硬化面与绿地空间布局。建筑、道路宜布局可消纳径流雨水的绿地，建筑、道路、绿地等竖向设计应有利于径流汇入雨水控制与利用设施，并通过溢流排放系统与城市雨水灌渠系统和超标雨水径流排放系统有效衔接。

总平面低影响开发设施的选择和布置，应统筹兼顾各种设施，如除常规生物滞留设施、雨水罐、渗井等小型、分散的低影响开发设施外，还应充分考虑集中绿地中的相关低影响开发设施，如渗透塘、湿塘、雨水湿地等，并使之衔接为一个有机整体。

4.3.5　建筑与小区的景观水体与低影响开发雨水系统有直接关系，在总平面设计时需要关注景观水体的设计，特别是要注意景观水体与低影响开发雨水规划系统的衔接问题。景观水体之前的预处理设施可选择前置塘、植被缓冲带等技术措施。景观水体宜采用水生动植物等天然净化措施，有利于防止水体富营养化。

　　实施低影响开发理念的建筑与小区，有条件时应优先开展雨水资源化利用。景观水体的补水、消防水池补水、冷却循环水补水，均可采用低影响开发雨水。

4.4　建筑雨水

4.4.1　屋面是雨水的收集面，其做法对雨水的水质有很大的影响。雨水水质恶化，会增加雨水入渗和净化处理的难度和造价，因此需要对屋面的材料提出要求。

　　屋面做法有普通屋面和倒置式屋面，普通屋面的面层以往多采用沥青或沥青油毡，这类防水材料暴露于最上层，风吹日晒会加速其老化，污染雨水，应禁止使用。倒置式屋面就是将憎水性保温材料设置在防水层上的屋面。倒置式屋面与普通屋面相比较，具有如下有点：防水层受到保护，避免热应力、紫外线以及其他因素对防水层的破坏，并减少了防水材料对雨水水质的影响。

新型防水材料对雨水的污染也有减小。新型防水材料主要有高聚物改性沥青卷材、合成高分子片材、防水涂料和密封材料、刚性防水材料和堵漏止水材料等。新型防水材料具有强度高、延性大、高弹性、轻质、耐老化等良好性能，在建筑防水工程中的应用日夜广泛。根据工程实践，屋面防水重点推广中高档的 SBS、APP 高聚物改性沥青防水卷材、氯化聚乙烯-橡胶共混防水卷材、三元乙丙橡胶防水卷材等。

4.4.2　绿色屋顶植物选择时，应根据建设地的气候特点选择易栽种、易维护的当地植物，不宜选择根系穿刺性强的植物，也不宜选择速生乔木和灌木植物。屋顶绿化内的乔木应根据建筑荷载适当选用，植物宜栽植于建筑柱体处，土壤深度不够时可选用箱体栽种。屋面植物的灌溉宜采用滴灌、喷灌或渗灌等方式。

4.4.3　设置种植屋面时不应对建筑的机电设备产生不良影响，用电设备、管线应做好防水处理，对设于防水层内的管线，应根据现场情况开设检修通道或检修口，便于后期维护、管理。

4.4.5　建筑雨水管断接指排水口将径流连接到绿地等透水区域，雨水管断接应保证雨水管的水自由出流。当排向建筑散水面进入下凹式绿地时，散水面宜采取消能冲刷措施。

4.4.7　本条规定了屋面雨水系统独立设置的要求，应严格执行。

屋面雨水系统独立设置、不与建筑污废水排水连接的意义有：第一，避免雨水被污水污染；第二，避免雨水通过污废水排水口向建筑内倒灌。

屋面排水系统存在流态转换，会形成有压排水，在室内管道上设置敞口式开口会造成雨水外溢、淹损室内，必须禁止。

4.4.8 初期径流雨水污染物浓度高，通过设置雨水弃流设施可有效降低收集雨水的污染物浓度。雨水收集回用系统包括收集屋面雨水的系统应设初期径流雨水弃流设施，减小净化工艺的负担。植物和土壤对初期径流雨水中的污染物有一定的吸纳作用，在雨水入渗系统中设置初期雨水径流弃流设施，可减少堵塞，延长渗透设施的使用寿命。

通过植被浅沟收集绿色屋顶等污染物含量较少的雨水，或采用水生动、植物等生态景观水处理设施收集的雨水，可不设置弃流设施，但应设置防止杂草等漂浮物的措施。

4.4.10 屋面雨水收集系统的弃流装置目前有成品和非成品两类，成品装置按照安装方式分为管道安装式、屋顶安装式和埋地式。管道安装式弃流装置主要分为累计雨量控制式、流量控制式等，屋顶安装式弃流装置有雨量计式等，埋地式弃流装置有弃流井、渗透弃流装置等。按控制方式又分为自控弃流装置和非自控弃流装置。

小型弃流装置便于分散安装在立管或出户管上，并可实现弃流量集中控制。相对集中设置在雨水蓄水池进水口前端时，虽然弃流装置安装量少，但通常需要采用较大规格的产品，一定程度上将提高事故风险。

弃流装置设于室外便于清理维护，当不具备条件必须设置在室内时，为了防止弃流装置发生堵塞后向室内溢水，应采用密闭装置。

当采用雨水弃流池时，其设置位置宜与雨水储水池靠近建设，便于维护管理。

4.4.11 屋面雨水水质较好，弃流量较小，一般宜选用成品弃流装置。弃流装置可设于地面之上，也可埋地设置。设于地面上的弃流装置可将雨水排至绿地等入渗设施。埋地设置的弃流装置弃流的初期径流雨水可通过渗透方式处置，渗透弃流装置对排水管道内流量、流速的控制要求不高，使用范围较广。

4.5 小区道路

4.5.3 道路路面的雨水，首先沿道路坡向汇入道路周边绿地内的低影响开发设施，再通过设施内的溢流排放系统排向小区或市政雨水管渠系统，排出超标径流雨水量。

4.5.4 当小区路面标高高于绿地标高时，雨水口应设于路边的绿地内。低于路面的绿地或下凹式绿地一般担负对客地汇来的雨水进行入渗的功能，因此应有一定容积储存客地雨水。雨水排水口高于绿地面，可防止客地来的雨水流失，在绿地上储存。

4.5.5 雨水口内设截污挂篮，可避免雨水管道被杂草或漂浮物堵塞。

4.6 小区绿地

4.6.1 本条对小区绿地在构建低影响开发雨水系统方面提出了整体要求。

建筑与小区绿地应结合建筑、道路、广场及停车场，合理布局下凹式绿地、植被浅沟，生物滞留等低影响开发设施，且各技术措施联合运行，达到雨水收集、输送、入渗和净化等多重要求。如：植被浅沟在收集和输送雨水的同时，能削减雨水径流中的污染物，增加雨水入渗回补地下水；再与生物滞留、渗渠等入渗设施组合，则更能增加雨水净化和入渗作用。与明沟、明渠等相比，植被浅沟具有生态、环保、经济、美观等特点。

　　小区道路、广场及建筑物周边绿地宜采用下沉式做法，且下凹式绿地低于道路标高不应小于 100 mm，并应采取将雨水引至绿地的措施。

4.6.2　对于污染严重的汇水区域，需在生物滞留设施前加预处理设施，如植被浅沟、前池等，拦截大颗粒并减小流速。当地下水位较高，或距离建筑物较近时，宜采用底部防渗的生物滞留设施。

　　生物滞留设施可设置在建筑周边绿地中，直接接纳屋面雨水；也可设置在道路绿化隔离带中，场地及人行道雨水可通过路牙豁口流入。生物滞留设施的溢流管一般可为溢流竖管或箅子，并设有一定的超高。为达到较高的出水水质要求，在生物滞留系统中可适当增加种植土层、砂层及砾石层厚度，也可在系统中种植对污染物净化功能较好的植物。

4.6.3　地下建筑顶上往往设有一定厚度的覆土，做绿化甚至透水铺装，绿化植物的正常生长需要在建筑顶面设渗排管或渗排片材，将多余的水引走。这类渗排设施同样也能将入渗的雨水引走，使雨水源源不断入渗下来，从而不影响土层的渗透能力。

　　覆土层做绿地、下凹式绿地、透水铺装，甚至埋设透水管沟，都至少有 300 mm 厚的土壤层位于入渗面和疏水设施之间。

　　参照现行地方标准《四川省绿色建筑设计标准》DBJ51/T037 的要求，当集中绿地位于地下室顶板上时，其覆土厚度不宜小于 1.5 m。

透水铺装地面设计应满足在 2 年一遇的暴雨强度下，持续降雨 60 分钟，表面不得产生径流的透（排）水要求。

4.6.4　利用地下水应通过政府相关部门的审批，应保持原有地下水的形态和流向，不得过量使用地下水，避免造成地下水位下降或场地沉降。当地区整体改建时，应采取控制建设用地径流系数，设置雨水调蓄设施，增加雨水入渗等技术措施，保证改建后的径流量不得超过原有径流量。

5 城市绿地与广场

5.1 一般规定

5.1.1 按照国家标准《城市用地分类与规划建设用地标准》GB 50137—2011，绿地与广场用地（G）分为公园绿地（G1）、防护绿地（G2）与广场用地（G3）三大类。

5.1.4 城市绿地与广场应开展微地形设计，设置植草沟、下凹式绿地和雨水花园等小型分散设施，形成流畅、自然的雨水排水路径。

5.1.7 城市绿地中湿塘、雨水湿地等大型低影响开发设施，应设置警示标识和超标雨水排放系统，避免发生事故。

5.2 系统设计

5.2.1 城市绿地与广场低影响开发设计应根据地形和高程，针对不同的排水位置选择对应的技术措施。低影响开发设计以高区滞留、低区集蓄为原则。源头产流区宜采用透水铺装、绿色屋顶等设施减小产流量；在排水分区的低点宜设置雨水花园、下凹式绿地等设施滞蓄雨水径流；在中途运输单元宜采用植被浅沟、渗沟（渠）等地表排水系统或增设台地降低流速流量；在场地的低点宜设置雨水塘、雨水湿地、调蓄池等设施以加强雨水的净化、调蓄或利用。

绿地中适宜的低影响设施和技术措施可采用土地保护与修复、透水铺装、下凹式绿地、雨水花园、植草沟、生态树池、雨水湿塘、表流人工湿地、植被缓冲带等。

土地保护与修复技术，包括土地保护、土壤改良、表土保护和地形改造等方面。城市公共空间和生态敏感区的绿地率，不应低于国家园林城市的标准。地形改造的绿地，其坡度宜控制在 10%左右，以保证土壤的入渗能力。用于雨水调蓄和净化的土壤，其厚度区间在 0 cm ~ 20 cm 的表层土壤，入渗率宜在 10 mm/h ~ 360 mm/h 之间。

5.2.2 雨洪保护是生态景观设计的重要内容，即充分利用河道、景观水体的容纳功能，通过不同季节的水位控制，减少市政雨洪排放压力，也为雨水利用、渗透地下提供可能。

5.2.3 本条为推荐的低影响开发设计流程，设计人员在具体项目设计过程中，可根据项目实际情况合理安排设计流程。

5.2.4 低影响开发倡导的土壤结构包括种植土层、人工填料层、砂层和砾石层，这种土壤结构对雨水的下渗和净化产生了重要作用。增加植物类型应满足本标准第 12 章"植物配置"的相关要求。

低影响开发理念提出对地形的改造，主要是基于地形对排水方向的影响，增加汇水点，从而减少径流量，减缓径流流速，达到防洪防涝的作用。平原地区可将场地划分为不同汇水区域，利用微地形和绿化带对雨水进行滞留和渗透；浅丘地区需开发地段可根据坡度设置砾石墙或阶梯式围挡对雨水进行滞留和渗透；山地地区需结合场地坡度，公园绿地采用分级调蓄缓排措施，广场用地采用逐级滞留渗透措施。道路绿地下坡末端应用滞留渗透措施。

供选择的技术措施及设计要点详见本标准第 10 章"措施选择与设施设计"。

5.3 公园绿地

5.3.1 本标准中的公园绿地，指向公众开放，以游憩为主要功能，兼具生态、美化、防灾等作用的绿地，包括综合公园、社区公园、专类公园、带状公园及街旁绿地。

5.3.2 本条规定了公园绿地低影响开发与水生态敏感区的关系。

5.3.4 景观水体位于场地低洼处，便于雨水重力流收集，也便于利用上游的植被浅沟等生态设施截留初期雨水污染物。景观水体宜采用挺水植物和水生动物等生态措施，保持水体自净。

5.3.8 街旁绿地包括城市中的特色小游园、微绿地等小型绿地。

特色小游园、微绿地是指利用零星地块建设的小型绿地游园。城市中的特色小游园、微绿地应自行消纳超标雨水量，宜通过植物缓冲带等海绵设施削减雨水径流流速和污染负荷，不增加周边道路雨水径流总量。

5.3.11 城市带状公园一般承担雨水的转输、入渗、滞蓄和净化功能，低影响开发系统宜采用渗渠、植被浅沟等技术措施。

5.3.13 本条对防护绿地低影响开发设计提出了要求。

防护绿地指具有卫生、隔离和安全防护功能的绿地，包括卫生隔离带、道路防护绿地、城市高压走廊绿带、防风林、城市组团隔离带等。

5.4 广场用地

5.4.1 城市广场用地的低影响开发应首先满足其城市功能要求，并兼顾低影响开发的生态要求。

广场用地指以游憩、纪念、集会和避险等功能为主的城市公共活动场地，不包括以交通集散为主的广场用地。

5.4.3 广场宜采用透水铺装，广场树池宜采用生态树池。轻型荷载的停车场，宜采用透水铺装。

5.4.4 透水铺装包括：镂空面积大于等于40%的镂空铺装，以及符合现行国家标准标准《透水路面砖和透水路面板》GB/T 25993要求的透水砖。

透水铺装率的计算方法为：区域内采用的透水铺装面积与该区域硬化铺装地面（包括各种道路、广场、停车场，不包括消防通道及覆土小于1.5 m的地下空间上方的铺装地面）的百分比。

5.4.5 关于广场雨水调蓄设计的规定。

广场雨水调蓄指利用城市广场、运动场、停车场等空间建设的多功能调蓄设施，以削减峰值流量为主，通过与城市排水系统的结合，在暴雨发生时发挥临时的雨水调蓄功能，提高汇流区域的排水防涝标准，无降雨发生时广场发挥其主要的休闲娱乐功能，发挥多重效益。

位于城市易涝点的广场，在满足自身功能的前提下，宜设计为下沉式，暴雨时可调蓄雨水。当广场有水景时，宜结合雨水调蓄设施共同设计。当广场位于地下空间上方时，设施应作防渗处理。

6 市政工程

6.1 一般规定

6.1.1 规定了市政工程雨水控制与利用的范围。本标准将城市道路、地下空间、桥梁与隧道等纳入市政工程雨水控制与利用的范围内，城市广场、公园绿地及城市防洪系统不在本章的范围内。

6.1.2 近年来，各地的排水标准都普遍提高，目的是为了减少城镇内涝，保证城区雨季安全，因此四川省各地市州应根据城市自身情况，通过经济技术比较，适当提高排水标准。

低影响开发雨水控制与利用工程以削减雨水高峰流量、径流总量控制、径流污染控制、雨水收集利用等方面为目标。已编制海绵城市建设专项规划等上位规划的城市，应按上位规划要求执行。对于暂未编制海绵城市建设专项规划的城市，根据市政工程的特点，本条提出了年径流总量控制率和年径流污染削减率为控制目标的要求。年径流总量控制率参照住房和城乡建设部《海绵城市建设技术指南—低影响开发雨水系统构建（试行）》和我省的地域特点提出，应遵照执行。

6.1.3 四川省各城市雨季时间均较短，市政工程雨水收集利用的工程效益不明显，故本标准规定市政工程以削减地表径流与控制面源污染为主，雨水收集利用为辅。对于有条件的项目，宜因地制宜地考虑市政工程的雨水收集和回用。

6.1.4 市政工程范围内的排放系统不应受低影响开发雨水控

制与利用工程的建设而降低标准，市政工程的雨水控制与利用工程主要是用来控制径流峰值及降低径流污染，能进一步提高市政排水标准，增强城市排水系统抵抗极端降雨的能力。

6.1.5 目前已建成的污水厂很少考虑区域初期雨水量，本标准规定区域初期雨水宜优先考虑分散处理，有条件的城市在新建污水厂时，从规划及建设阶段宜考虑区域初期雨水量的增加，有利于远期处理污染程度较高的雨水，满足控制面源污染的要求。

6.2 系统设计

6.2.1 按市政工程以削减地表径流与控制面源污染为主、雨水收集利用为辅的要求，本条提出了市政工程的低影响开发雨水控制与利用工程应进行技术经济比选，对低影响雨水系统进行系统规划与设计，并提出了市政工程的低影响开发雨水系统宜优先采用的两种系统模式。

6.2.2 根据现行国家标准《城镇内涝防治技术规范》GB 51222，本条中调蓄系统可分为水体调蓄工程、绿地广场调蓄工程、调蓄池和调蓄隧道工程等。其中调蓄隧道是指埋设在深层地下空间（一般是指地面以下超过 20 m 深度的空间）的大型、特大型排水隧道，也称作深层隧道排水系统。调蓄隧道的设置应避免与传统的地下管道和地下交通设施发生冲突。

6.2.3 市政工程范围内雨水控制与利用采用何种技术形式应与其具体特点相适应，并应经过技术经济比较确定。已建成的市政雨水控制与利用工程多为入渗、调蓄排放、收集回用之一或组合形式。

6.2.4 人行道设置的树池，宜采用生态树池，且将相邻树池通过人行道透水铺装或人行道下方设置的蓄渗模块连接形成连续的海绵性设施。

透水沥青路面分表层排水式、半透式和全透式三种。对需要减小路面径流和噪声的新建、改建城市高架道路与其他等级道路，宜选用表层排水式透水沥青路面；对于需要缓解暴雨时城市排水系统负担的各类新建、改建道路，宜选用半透式透水沥青路面；非机动车道、停车场和广场，宜选用全透式透水沥青路面。

6.2.6 径流污染控制和年径流总量控制密切相关，通过年径流总量控制可实现径流污染控制，也可通过初期雨水处理、雨水回用等方式削减径流污染。

径流污染控制宜结合景观设计采用生态的处理方式，并应结合项目现场实际情况和项目要达到的目标进行针对性设计，确保项目的技术经济合理性和可操作性。

6.3 市政道路

6.3.3 道路范围内设置下凹式绿地有利于控制面源污染，道路中分带、侧分带内的雨水控制与利用设施宜结合道路景观要求和周边用地条件设置。

6.3.4 本条规定了道路上的绿化隔离带的要求。绿化隔离带两侧路缘沿石顶部标高应高于种植土 100 mm 以上，是为了避免绿化带中雨水径流流出。绿化隔离带内生物滞留设施宜分段设置，单段的长度一般为 10～20 m。

6.3.7 由于透水铺装的承载力相对较弱，有大容量汽车通过的路面或存在较大污染物的区域不宜采用。本条推荐的透水铺装率指标参考了国家标准《绿色建筑评价标准》GB/T50378—2014 中硬质铺装地面的透水铺装比例指标。

6.4 桥梁与隧道

6.4.1 本条目中的"快排"指采用管道重力排水或泵站强制排水。下穿隧道易成为城市积水点，严重时可阻断交通，造成交通瘫痪。鉴于下穿隧道是保证城市交通正常运行的重要节点，本标准规定了下凹桥区排水形式宜采用快排与调蓄结合的方式。新建城市下穿隧道，应进行低影响开发雨水控制与利用设计，充分收集、储蓄、利用城市雨水。

6.5 地下空间

6.5.1 雨水调蓄对削减峰值流量起到了非常重要的作用，本条对新建、改建及扩建地下空间项目配建的调蓄设施规模及外排雨水总控制率提出了要求。四川省各地市州应单独计算本地区的设计降雨量。例如：宜宾市年径流控制率为 70% 时对应的设计降雨量为 19 mm（数据来源于《海绵城市建设技术指南——低影响开发雨水系统构建（试行）》），硬化地面雨量径流系数按照 0.9 考虑，宜宾市新建区域每千平方米地下空间面积应配置的调蓄容积为 17.1 m^3。当项目所在地同时发布了城市地下空间低影响开发雨水调蓄设施相关规定时，设计人员在设计时应分别进行计算比较后取大值；当地下空间位于易涝区，宜进行经济技术比较后适当提高标准。

7 河湖水系

7.1 一般规定

7.1.2 河湖水系低影响开发设计应综合考虑水系所属区域自然条件、水系污染特征、水系生态系统的结构特征及景观设计。

自然条件主要包括：水系、气候、水文、地形、地貌、地质、土壤等。

污染特征包括：内源污染及外源污染特征。

水生态系统结构包括：生物因素及非生物因素。

景观设计：驳岸、岛屿、水上娱乐、河床及湖盆形态等。

7.1.4 关于径流计算方法选择的说明。

若流域有实测流量资料且系列较长，可作为设计站；系列较短则需采用临近相似流域参证站插补延长。若流域无实测流量资料，可采用流域面积比值法、径流系数法和降水径流模型进行计算。无流量和无降水资料地区，为使径流计算成果更为合理，应采用多种方法，经对比分析后确定，有条件时可开展简易测流。

关于设计洪水计算方法选择的说明。

有实测流量资料的地区，流量阀、频率计算中的年（期）洪峰流量和不同时段的洪量系列，应由每年（期）内的最大值组成，频率曲线的线型应采用皮尔逊Ⅲ型，对于特殊情况经分析论证后也可采用其他线型。无实测流量资料地区一般可采用推理公式法、洪峰模数法、地区经验公式等进行推算。可参考《四川省中小流域暴雨洪水计算手册》(2010.11)。

7.1.6 水环境污染来源主要包括：城镇、农村及工业污水，垃圾污染，农业面源污染，畜禽养殖污染，初期雨水污染及底泥释放污染。

7.1.7 应综合考虑效用、投资、运行费用、占地面积及操作难易程度等因素，采用适宜的治理技术。通过恢复健康的湿地和水生态系统，同时营造厌氧、兼氧、好氧等不同的微生态环境，使水中的污染物质（总磷、总氮、化学需氧量、生化需氧量、氨氮等）得到有效降解。

7.1.10 生态清淤设备可采用人工清淤、机械清淤等方法。淤泥处置应以减量化、无害化和资源化为原则。

7.2 河 道

7.2.1 陆域缓冲带包括陆生植物群落以及布设在其中的防洪通道、慢行道、游步道、休憩平台、人工湿地、下凹式绿地、植草沟等设施。陆生植物群落构建应尽量保留和利用原有滨水植物群落，遵循土著物种优先，提高生物多样性的原则。防洪通道、慢行道、游步道、休憩平台等设施宜采用透水铺装。

水域生物群落包括水生植物群落构建、水生动物投放和景观营造等方面。水生植物群落宜优先选择土著物种，慎用外来物种，优先选择芦苇、再力花、轮叶黑藻、眼子菜等耐污、净化力强和养护简易的品种。

7.2.2 具体参见行业标准《河湖生态需水评估导则试行》SL/Z 479—2010。

7.2.3 河道补水水源一般包括本地径流、再生水、调水、雨水。为改善河道水生态环境，河道生态补水应根据不同地区当地情况，考虑补水水源类型，确定工程措施。

7.2.5 稳定型河道可采用容许流速法和容许剪应力法进行设计，冲积型河道可通过解析水流阻力方程和泥沙动力方程确定河道设计参数。

7.2.7 河道生态护岸类型包括：抛石护岸、生态袋、石笼（或石笼垫）、干砌块石、混凝土预制块、植被技术、生态混凝土等。在具备条件的河段，可结合景观需求，设置多级复合型驳岸。

　　河道生态护岸类型应根据防洪排涝、航运、灌溉、生态等功能要求，结合水文特征、周边地块的开发类型、可利用空间、断面形式和景观需求等选用。

7.3　湖泊湿地

7.3.2 城市湖泊湿地功能主要包括：动植物资源、供水和蓄水、调蓄洪水、科考旅游、固碳释氧、净化水质、降解污染、提供生物栖息地等功能。

7.3.5 湖泊湿地生态需水量可采用水量平衡法、功能法、换水周期法、最低生态水位法等方法综合考虑后确定。

7.3.6 人工湿地进水口前宜设置沉淀池，降低总固体浓度。有机物的去除途径主要是土壤表面的微生物作用。氮的去除途径主要包括基质吸附、过滤、沉淀、挥发、植物的吸收和微生物硝化、反硝化。磷的去除途径主要包括基质吸附和污泥沉淀。重金属的去除主要通过植物、微生物、土壤基质等共同作用。

7.3.7　水体富营养化防治应同时控制外源性营养物质输入和降低内源性营养物质负荷。

7.3.8　湖泊湿地水环境治理可采用生态法、气浮法、磁分离法等方法。

8 雨水综合利用

8.1 一般规定

8.1.1 雨水利用对修复生态环境、维持自然界水循环、节约用水、减轻城市洪涝都有着积极作用。雨水资源综合利用应结合项目特点、当地水资源状况、雨水需求量、水质要求、回用水量随降雨季节变化的吻合程度及经济合理性等多方面综合考虑确定,因地制宜采用雨水入渗、收集回用和调蓄排放等方式。

雨水入渗和调蓄排放详见本标准第 4 章 ~ 第 7 章的相关内容,本章节主要对雨水收集回用提出了要求。雨水收集回用系统包括雨水收集、储存、净化处理、回用系统以及安全保障措施等。

8.2 用水量标准和水质要求

8.2.1 冷季型草坪草系最适宜生长温度为 15 °C ~ 25 °C,受季节性炎热的强度和持续期及干旱期环境影响较大;暖季型草坪草系最适宜的温度为 26 °C ~ 32 °C,受低温的强度和持续时间影响较大。

特级养护质量标准主要包括:绿化养护技术措施完善,管理得当,植物配置科学合理,达到黄土不露天。

一级养护质量标准主要包括:绿化养护技术措施比较完善,管理基本得当,植物配置合理,基本达到黄土不露天。

二级养护质量标准主要包括：绿化养护技术措施基本完善，植物配置基本合理，裸露土地不明显。

8.2.2　浇洒道路用水定额主要参考国家标准《民用建筑节水设计标准》GB 50555—2010 中表 3.1.5 的取值，按早晚各一次计算。最高日道路及广场浇洒用水定额参照国家标准《建筑给水排水设计规范》GB 50015—2003（2009 年版）取值。

8.2.7　本条是根据经验推荐的雨水回用水的消毒方式。一般雨水回用水的加氯量可参考给水处理厂的加氯量。依据国外运行经验，加氯量在 2 mg/L ~ 4 mg/L 左右，出水即可满足城市杂用水水质标准。

8.2.8　用户对水质有较高的要求时，其水质应满足国家有关标准的规定，增加相应的深度处理措施。空调冷却循环补水、冲厕用水和其他工业用水等，其水处理工艺应根据用水水质进行深度处理，在混凝、沉淀、过滤处理工艺后，增加活性炭过滤、膜过滤等处理单元。

8.2.9　规定确定雨水处理工艺的原则。影响雨水回用处理工艺的主要因素有：雨水回收水量、雨水原水水质、雨水回用部位的水质要求，三者相互联系、影响雨水回用水处理成本和运行费用。在工艺流程选择中还应充分考虑其他因素，如降雨的随机性很大，雨水回收水源不稳定，雨水储蓄和设备时常闲置等，目前一般雨水利用尽可能简化处理工艺，以便满足雨水利用的季节性，节省投资和运行费用。

　　收集回用系统处理工艺可采用物理法、化学法或多种工艺组合等方式，雨水回用处理工艺宜满足下列规定：

　　1　当雨水用于景观水体时，景观水体宜配置水生植物净化水质，工艺流程宜采用：雨水→初期径流弃流→景观水体。

2 当收集屋面雨水用于绿地和道路浇洒时，工艺流程宜采用：屋面雨水→初期径流弃流→雨水蓄水池沉淀→过滤→浇洒。

3 当同时收集屋面雨水和路面雨水用于绿地和道路浇洒时，工艺流程宜采用：雨水→初期径流弃流→沉沙→雨水蓄水池沉淀→过滤→消毒→浇洒。

4 当同时收集屋面雨水和路面雨水用于空调冷却塔补水、运动草坪浇洒、冲厕或相似用途时，工艺流程宜采用：雨水→初期径流弃流→沉沙→雨水蓄水池沉淀→絮凝过滤或气浮过滤→消毒→雨水清水池。

8.3 雨水收集、储存与回用

8.3.1 规定雨水收集地面的土建设置要求。地面雨水收集主要是收集硬化地面上的雨水和屋面排到地面的雨水。排向下凹式绿地、浅沟洼地等地面雨水渗透设施的雨水通过地面组织径流或明沟收集和输送；排向渗透管渠、浅沟渗渠组合入渗等地下渗透设施的雨水通过雨水口、埋地管道收集和输送。这些功能的顺利实现依赖地面平面设计和竖向设计的配合。

8.3.2 屋面雨水水质污染较少，并且集水效率高，是雨水收集的首选。绿地上的雨水水质较好，但收集效率较低，应进行经济比较后确定。广场、路面特别是机动车道雨水水质污染严重，处理成本较高，不宜收集回用。

8.3.3 规定收集系统弃流设施的设置。初期径流雨水污染物浓度高，通过设置雨水弃流设施可有效地降低收集雨水的污染物浓度。弃流装置宜分散布置。雨水收集回用系统包括收集屋面雨水的系统应设初期径流雨水弃流设施，减小净化工艺的负荷。

8.3.4 推荐弃流雨水的处置方式。截留的初期径流雨水是一场降雨中污染物浓度最高的部分，平均水质通常优于污水，劣于雨水。推荐截流的初期径流优先排入植被浅沟、下凹式绿地等生态措施减轻排水管网压力、减少环境污染。

截留的初期径流雨水排入污水管道时，由于雨污分流的管网设计中污水系统不具备排除雨水的能力，可能导致污水系统跑水、冒水事故，因此，污水管道的排水能力应以合流制计算方法复核，若污水管道排水能力不足，则考虑将截留的初期径流简单处理后，排向雨水管道。收集雨水和弃流雨水在弃流装置处存在连通部分，为防止污水通过弃流装置倒灌进入雨水收集系统，要求采取防止污水倒灌的措施。同时应设置防止污水管道内的气体向雨水收集系统返溢的措施。

8.3.5 雨水储存设施设有排空设备时，宜按 24 h 排空设置，排空最低水位宜设于景观设计水位和湿塘的常水位处。

8.3.6 规定屋面雨水收集的室外输水管的设计方法。屋面雨水汇入雨水储存设施时，会出现设计降雨重现期的不一致。雨水储存设施的重现期按雨水利用的要求设计，一般 1 年~2 年，而屋面雨水的设计重现期按排水安全的要求设计。后者一般大于前者。当屋面雨水管道出户到室外后，室外输水管道的重现期可按雨水储存设施的设计重现期设计。由于其重现期比屋面雨水的小，所以屋面雨水管道出建筑外墙处应设雨水检查井或溢流井，并以该井为输水管道的起点。

允许用检查口代替检查井，主要原因是：第一，检查口不会使室外地面的初期雨水进入输水管道；第二，屋面雨水较为清洁，清掏维护简单。

8.3.7 场地雨水进入蓄水池或景观水体之前，应设置格栅、前置区、雨水湿地等预处理设施，降低污染负荷，避免设备和管道堵塞。收集的雨水转输时，可采用植被浅沟等生态设施，降低径流污染负荷。

景观水体前置区和主水区之间宜设置水生植物种植区。

8.3.9 雨水回用用途的选择次序宜遵循注重生态、就近回用，处理简单，"高质高用、低质低用"的原则。

雨水回用的场所，应综合考虑收集雨水量、回用水量、用水时间变化以及卫生要求等因素。按现行国家标准要求，景观水体补水水源不允许采用自来水，因此，景观补水宜首选回用雨水。其次，绿化用水对水质要求相对较低，用水周期与雨季比较吻合，并且有很多区域的雨水收集池都设置在绿地下方，便于绿地浇灌时取用。因此，雨水丰富地区，宜采用雨水进行绿化浇灌。场地冲洗、空调冷却用水等也与成都雨季降雨吻合，雨水回用效率也较高，也提倡将雨水回用于冲洗场地等水质标准低的用途。另外，降雨为非稳定水源，其水质也不稳定，如将回用雨水用于冲厕等用水，由于进入室内回用水卫生标准较高，需深度处理，会增加用水成本，并且枯水期需补水量较大，因此，雨水回用作为冲厕用水，应进行技术经济比较后确定。雨水还可以作为中水处理的原水补充水，减少自来水补水量。

8.3.10 规定雨水量非常充沛足以满足需用量的地区或项目，雨水需用量小于可收集量，这种条件下，回用管网的用水应尽量由雨水供应，不用或少用自来水补水。在降雨最多的一个月，集雨量宜足以满足月用水量，做到不补自来水，而在其他月份，降雨量小从而集雨量减少，再用自来水补充。

8.3.13 本条规定雨水清水池的容积。

管网的供水曲线在设计阶段难以确定时，水池容积可按经验确定。条文中的数字 25%~35%，是借鉴现行国家标准《建筑中水设计规范》GB 50336 确定。

当蓄水池具有沉淀或过滤处理功能，其出水水质满足要求时，可不另设雨水清水池。

8.3.15 规定补水管和供水管设置水表。设置水表的主要作用是核查雨水回用量以及经济核算。

8.4 安全措施

8.4.1 回用雨水和生活饮用水管道从水源到用水点都应严格分开，独立设置，管道之间应没有任何形式的连接，包括通过倒流防止器也不允许。雨水的来源是不稳定的，因此雨水供水系统都设补水管，当采用生活饮用水补水时，补水管道出口和雨水的水面之间应有足够的空气间隙。

8.4.2 清水池（箱）、蓄水池（箱）在该处仅指雨水收集与利用系统中的清水池、蓄水池，与常规的市政给水构筑物不同。

补水管向雨水供水系统补水时，因不能和雨水管道连接，故只能向雨水池（箱）补水。溢流水位是指溢流管喇叭口的沿口面。当溢流管口从水池（箱）的侧壁水平引出时，溢流水位应从管口的内顶计。当补水管的管口从水池（箱）的侧壁引入时，补水口与溢流水位的间距应从补水口的内底计。淹没式浮球阀补水违反空气间隙要求，应严格禁止。

水池的补水口设在池内存在污染风险，污染因素之一是池水水质较差，会污染补水口；污染因素之二是雨水入流量随机变化，不可控制，有充满水池的可能。

水池补水的补水管口应设在池外，池外补水口也应设空气间断，且隔断间距满足本条第 1 款的规定。

8.4.4 雨水调蓄设施结构安全性分析包括两方面内容：

    1 外部荷载对雨水调蓄设施的安全性影响；

    2 雨水调蓄设施对设置场所的安全性影响。

雨水调蓄设施设计应根据雨水调蓄类型、设置场所的特点、调蓄水量的变化、调蓄设施的运营维护、结构荷载等因素，进行结构安全性分析。

8.4.5 雨水处理过程中产生的沉淀污泥多是无机物，且污泥量较少，污泥脱水速度快，一般考虑简单的处置方式即可，可采用堆积脱水后外运等方法，一般不需要单独设置污泥处理构筑物。

9 设计计算

9.1 一般规定

9.1.1 低影响开发雨水系统构建可选择径流总量控制作为首要的控制目标。低影响开发雨水系统的控制目标之间有一定相关性。径流污染控制目标一般可通过径流总量控制来实现，并应结合径流雨水中污染物的平均浓度和低影响开发设施的污染物去除率确定低影响开发设施的类型和规模；径流总量控制同时也可削减径流峰值流量；雨水资源利用也可增加径流总量控制和径流污染控制，削减洪峰流量。有内涝防治、径流污染防治、雨水资源化利用等多种需求的城市或地区，应根据当地经济情况、自然条件等，以年径流总量控制率为首要控制目标，并综合考虑径流污染和峰值控制及雨水资源化利用目标。

9.1.2 在海绵城市专项规划的管控分区（单元）中，已对年径流总量控制率、设计降雨量、径流污染控制率等约束性指标，提出了要求，应遵照执行。同时，海绵城市专项规划一般还根据当地的生态本底情况和海绵城市建设目标，提出了鼓励性指标和特色指标，应因地制宜地落实。我省国家级海绵城市建设试点城市遂宁、15个省级海绵城市建设试点城市及其他部分海绵城市建设推进工作较好的城市（镇），已相继完成海绵城市专项规划，提出了海绵城市建设指标要求。《成都市海绵城市规划建设管理技术规定试行》（成建委〔2017〕431号）按海绵城市专项规划成果提出了年径流总量控制率控制目标，详表2。

表 2　成都市年径流总量控制率与相应设计降雨量

年径流总量控制率/%	55	60	65	70	75	80	85
设计降雨量/mm	11.9	14.4	17.4	21.2	26.1	32.7	40.7

尚未编制海绵城市专项规划的城市（镇），可参照 2014 年 10 月住房和城乡建设部发布的《海绵城市建设技术指南—低影响开发雨水系统构建（试行）》中"我国大陆地区年经流总量控制率分区图"，因地制宜地确定本地区径流总量控制目标。

9.2　系统设施计算

9.2.6　容积控制计算方法的具体步骤为：先计算容积控制目标值，再计算各种低影响开发设施的控制容积，使各种低影响开发设施的控制容积之和达到设计容积控制目标值。

9.2.7　以径流峰值为控制目标进行设计时，调节设施的容积应根据雨水管渠系统设计标准，下游雨水管道负荷及入流、出流流量过程线，经技术经济分析确定，调节设施容积按式（9.4.2）式（9.4.3）和式（9.4.4）进行计算。

9.2.8　考虑到径流污染物变化的随机性和复杂性，径流污染控制目标一般也通过径流总量控制来实现，并结合径流雨水中污染物的平均浓度和低影响开发设施的污染物去除率确定。

径流污染物中，SS 通常与其他污染物指标具有一定的相关性，一般可采用 SS 作为径流污染物控制指标。

9.3 水量计算

9.3.1 本条参照国家标准《建筑与小区雨水控制及利用工程技术规范》GB 50400—2016 列出了四川省部分城市降雨量资料，见附录 H。

9.3.2 本条所列的计算公式为我国目前普遍采用的计算公式。各地应采用当地的暴雨强度公式。目前我国各地已积累了完整的自动雨量记录资料，可采用数理统计法计算确定当地暴雨强度公式。

9.3.3 本条规定了汇水范围内综合径流系数的计算方法以及绿地、屋面和路面等不同下垫面径流系数的选用值。

不同下垫面对应的径流系数取值是参照现行国家标准《室外排水设计规范》GB 50014、《建筑与小区雨水控制及利用工程技术规范》GB 50400 和《海绵城市建设技术指南——低影响开发雨水系统构建（试行）》确定的。在一定降雨历时内，降雨重现期越大、场地坡度越大，径流系数宜取高值，反之取低值。

9.3.4 恒定均匀流推理公式基于以下假设：降雨在整个汇水面积上的分布是均匀的；降雨强度在选定的降雨时段内均匀不变；汇水面积随集流时间增长的速度为常数。因此，推理公式适用于较小规模排水系统的计算，当应用于较大规模排水系统的计算时会产生较大误差。

采用数学模型进行排水系统设计时，除应按本标准执行外，还应满足当地的地方标准，应对模型的适用条件和假定参数做详细分析和评估。当建立管道系统的数学模型时，应对系统的平面布置、管径和标高等参数进行核实，并运用实测资料对模型进行校正。

9.3.6 建设用地开发后的地面硬化会造成径流峰值大于开发前的地面，应对其径流峰值进行控制。计算其需控制的雨水径流总量时，汇水面积应为硬化地面的面积。设计日降雨量应按常年最大 24 h 降雨量确定，可按当地降雨资料确定，且不应小于当地年径流总量控制率对应的设计降雨量。

硬化汇水面面积应按硬化地面、非绿化屋面、水面的面积之和计算，并应扣减透水铺装地面面积。

一般情况下，低影响开发雨水控制与利用工程设计以年径流总量控制率为首要控制目标。当仅计算汇水区域内年径流总量控制率时，设计日降雨量应使用当地设计降雨量和雨量径流系数。对于已编制海绵城市专项规划的城市（镇），设计降雨量应选用当地年径流总量控制率对应的设计降雨量。对于尚未编制海绵城市专项规划的城市（镇），若当地已发布有相关技术管理文件时，应遵照执行。

9.4 调蓄计算

9.4.1 雨水调蓄设施的主要功能是削减峰值流量，有效防治内涝，控制雨水径流污染和雨水利用等，雨水调蓄设施的设计调蓄量应根据主要功能要求，经计算确定。当雨水调蓄设施具有多种功能时，应分别计算各种功能所需要的调蓄量，取最大值作为设计调蓄量。

9.4.5 雨水调蓄排放系统的放空时间，宜按 6 h ~ 12 h 计算。

9.5 渗透计算

9.5.3 本条规定了各种形式的渗透面有效渗透面积折算方法:

1 水平渗透面是笼统地指平缓面,投影面积指水平投影面积;

2 有效水位指设计水位;

3 实际面积指 1/2 高度以下的部分。

9.5.4 土壤渗透系数由土壤性质确定。土壤渗透系数表格中的数据取自刘兆昌等主编的《供水水文地质》。

9.6 雨水利用计算

9.6.1 平均日设计用水量小于汇水面需控制与利用雨水径流总量的 30%时,说明用户的用水能力偏小,而雨水量又需要拦蓄控制、储存在储存设施中,雨水无法及时被用户用完,这种情况需要增设排水泵。排水泵按 12 h 排空水池确定,该时间参考调蓄排放水池的放空时间 6 h～12 h,取上限 12 h。

10 措施选择与设施设计

10.1 一般规定

10.1.1 各地海绵城市建设的要求主要指当地的海绵城市专项规划、技术导则、技术标准及政府相关技术管理规定等内容。

10.1.2 入渗和收集利用在实现控制雨水的同时，又将雨水资源化利用，具有双重功效，因此是雨水控制利用的首选措施。有些场所由于条件限制雨水入渗量和雨水利用量少，当设置了入渗系统和收集利用系统两种控制利用方式后仍无法完成应控制雨水径流量的目标，这时应设置雨水调蓄排放系统。调蓄排放系统能够削减雨水径流峰值，但未就地消纳利用雨水，因此调蓄排放应排在入渗和收集利用系统的选择之后。

10.1.3 雨水控制与利用工程的单项设施宜根据用地类型和设施功能选用，详见表3。

表3 各类用地中主要雨水控制与利用设施选用表

编号	单项设施	用地类型			
		建筑与小区	绿地与广场	城市道路	河湖水系
1	透水铺装	●	●	●	◎
2	渗井	●	●	◎	○
3	渗管（渠）	●	●	●	○
4	渗透塘	●	●	◎	○

编号	单项设施	用地类型			
		建筑与小区	绿地与广场	城市道路	河湖水系
5	绿色屋顶	●	○	○	○
6	植被浅沟	●	●	●	◎
7	生物滞留设施	●	●	●	◎
8	下凹式绿地	●	●	●	◎
9	雨水花园	●	●	●	◎
10	雨水湿地	●	●	●	●
11	雨水罐	●	○	○	○
12	蓄水池	◎	◎	○	○
13	调节池	◎	◎	◎	○
14	调节塘	●	●	◎	●
15	湿塘	●	●	◎	●
16	雨水弃流设施	●	●	●	◎

注：●—宜选用　◎—可选用　○—不宜选

10.1.6 场地土壤中存在不透水层时可能产生上层滞水，详细的水文地质勘查可以判别不透水层是否存在。另外，地质勘查报告资料中要求不许人为增加土壤水的场所也不应进行雨水入渗。

10.1.7 对于可能造成地面坍塌、滑坡的场所，对居住环境及自然环境造成危害的场所，以及自重湿陷性黄土、膨胀土和含高盐土等特殊土壤地质的场所，不得采用雨水入渗系统。

10.2 措施选择

10.2.1 雨水控制与利用设施的选择，主要影响因素包括：

1 雨量因素，雨量充沛且降雨时间分布较均匀的城市，雨水收集利用的效益相对较好；雨量太少的城市，则雨水收集利用的效益差。

2 下垫面条件，下垫面的类型有绿地、水面、路面、屋面等。绿地及路面雨水入渗、水面雨水收集利用更经济，屋面雨水在室外绿地很少、渗透能力不够的情况下，则需要回用，否则可能达不到雨水控制与利用总量的控制目标。

3 供用水条件，若城市供水紧张、水价高，则雨水收集利用效益提升。用水系统中杂用水的用量小，雨水回用的规模则会受到限制

4 在土壤渗透性能差、地下水位高、地形较陡的地区，选用渗透设施时应进行必要的技术处理，防止塌陷、地下水污染等次生灾害发生。

10.2.2 低影响开发是海绵城市建设的重要内容，其用地类型主要包括建筑与小区、城市绿地与广场、市政工程、河湖水系等场所。低影响开发设施具有补充地下水、集蓄利用、削减峰值流量及净化雨水等多个功能，可实现径流总量、径流峰值和径流污染等多个控制目标。主要低影响开发设施比选见表4。

表 4　主要低影响开发设施比选表

单项设施	功能					控制目标			处置方式		污染物去除率 以SS计/%	景观效果
	集蓄利用雨水	补充地下水	削减峰值流量	净化雨水	转输	径流总量	径流峰值	径流污染	分散	相对集中		
透水铺装 透水砖	○	○	○	○	—	●	○	○	●	—	80~90	—
透水水泥混凝土	○	○	○	○	—	○	○	○	●	—	80~90	—
透水沥青混凝土	○	●	○	○	—	○	○	○	●	—	80~90	—
渗井（渠）	○	●	○	—	○	●	○	○	●	○	—	—
渗管（渠）	—	○	○	—	●	○	○	●	●	○	35~70	—
渗透塘	○	●	○	○	—	●	○	●	—	●	70~80	一般
绿色屋顶	—	—	○	○	—	●	○	○	●	—	70~80	好
植被浅沟 干式植被浅沟	—	○	○	○	●	○	○	●	●	—	35~95	好
湿式植被浅沟	—	○	○	○	●	○	○	●	●	—	—	好
转输型植被浅沟	○	—	—	○	●	○	—	○	●	—	35~95	一般
生物滞留设施 简易型	—	●	○	○	—	●	○	●	●	—	—	好
复杂型	—	●	○	●	—	●	○	●	●	—	70~95	好
下凹绿地	—	●	○	○	—	●	○	○	●	—	—	一般
雨水花园	○	●	○	○	—	●	○	○	●	—	—	好
雨水湿地	●	○	●	●	—	●	●	●	○	●	50~80	好
雨水罐	●	—	○	—	—	○	○	—	●	—	80~90	—
蓄水池 混凝土蓄水池	●	—	●	—	—	●	●	—	—	●	80~90	—
蓄水模块	●	—	●	—	—	●	●	—	—	●	80~90	—
管蓄式蓄水池	●	—	○	—	—	●	●	—	—	●	80~90	—
调节池	—	—	●	—	—	○	●	—	—	●	—	—
调节塘	○	—	●	—	—	○	●	—	—	●	—	一般
湿塘	●	—	●	○	—	●	●	○	—	●	50~80	好

注：1. ●——宜选用　○——可选用　——不宜用
　　2. 此表部分参照《海绵城市建设技术指南——低影响开发雨水系统构建（试行）》。

10.2.3 雨水控制与利用从机理上可分为三种:间接利用或称雨水入渗;直接利用或称收集利用;只控制不利用或称调蓄排放。

雨水入渗技术是把雨水转化为土壤水,主要有地面入渗、埋地管渠入渗、渗水池井入渗等。除地面雨水入渗不需要配置雨水收集设施外,其他渗透设施一般都需要通过雨水收集设施把雨水收集起来并引流到渗透设施中。透水铺装作为雨水入渗系统中较特殊的一种,其直接受水面即是集水面,集水与储存合为一体。

收集利用系统是对雨水进行收集、储存、水质净化、把雨水转化为产品水,替代自来水或用于观赏水景等。

调蓄排放系统能将雨水排放的流量峰值减缓、排放时间延长,其手段是储存调节。

一个建设项目中,雨水控制与利用的可能形式可以是以上一种系统,也可以是两种或三种系统的组合。

10.2.4 雨水控制与利用技术的应用首先需要考虑其条件适应性和对区域生态环境的影响。它作为一门科学技术,必然有其成立与应用的限定前提和条件,只有在能够获得较好经济效益的条件下,它的应用才是适宜的。城市化过程中,自然地面被人为硬化,雨水的自然循环过程受到负面干扰,对这种干扰进行修复,是我们力争的效益和追求的目标,雨水控制与利用技术是实现这一效益和目标的手段。

雨水控制与利用中的收集利用系统,宜用于年均降雨量400 mm 以上的地区,主要原因:就雨水收集利用技术本身而言，只要有天然降雨的城市，这种技术就可以应用，但需要权衡的是技术带来的效益与其所投入的资金相比是否合理。如果投资很大，而单方水的造价很高，显然不合理；或者投资不大，而汇集的雨水水量很少，所产生的效益很低，这种技术也没有其存在的价值。

对于年均降雨量小于 400 mm 的城市，不提倡采用雨水收集利用系统，这主要参照了我国农业雨水控制与利用的经验。年均降雨量小于 400 mm 的城市，雨水控制与利用可采用雨水入渗技术。

调蓄排放系统主要特点是先储存雨水，再缓慢排放。对于缺水城市，小区内储存起来的雨水与其白白排放掉，倒不如进行处理后回用以节省自来水来得经济。从这个意义上来说，调蓄排放系统不适用于缺水城市。

10.2.5 对雨水入渗系统的设计提出要求。

1 地下水位距渗透面大于 1.0 m，是指最高地下水位以上的渗水区厚度应保持在 1.0 m 以上，以保证有足够的净化效果。渗透层厚度小于 1.0 m 时只能截留一些颗粒状物质，当渗透层厚度小于 0.5 m 时雨水会直接进入地下水。污染物生物净化的效果与入渗水在地下的停留时间有关，通过地下水位以上的渗透区时，停留时间长或入渗速度小，则净化效果好，因此渗透区的厚度应尽可能大。

2 间距 3 m 是参照室外排水检查井指定的。作为参考资料，给出德国的相关规范要求：雨水入渗设施不应造成周围建筑物的损坏，距建筑物基础应根据情况设定最小间距。雨水入渗设施不应健在建筑物回填土区域内，比如分散雨水入渗设施要求距建筑物基础的最小距离不小于建筑物基础深度的 1.5 倍（非防水基础），距建筑物基础回填区域的距离不小于 0.5 m。

3 雨水入渗宜优先采用下凹式绿地、透水铺装、浅沟洼地等生态的入渗方式，有利于削减径流污染，便于后期管理和维护；其次才采用渗井、渗管、渗渠等入渗方式。

10.2.6 对雨水滞留系统的设计提出要求。

1 生物滞留设施可设置在建筑周边绿地中，直接接纳屋面雨水；也可设置在道路绿化隔离带中，场地及人行道雨水可通过路牙豁口流入。

2 规定绿化屋面雨水口的设置要求。绿化屋面适用于符合屋顶荷载、防水等条件的平屋顶建筑和坡度≤15°的坡屋顶建筑。一般绿化屋面上的雨水应先通过种植土层的滞留与过滤后再排出，因此，为保证雨水先进入种植土层，屋面的雨水口设置标高不得低于种植土的标高，在屋面设有雨水收集沟等措施时，雨水口可设置在收集沟内。为保证屋面安全，做绿化屋面的建筑屋面都应有疏排水设施。

10.2.7 对雨水调节系统的设计提出要求。

随着城市的发展，不透水面积逐渐增加，导致雨水流量不断增大。而利用管道本身的空隙容积能调节的流量是有限的。如果在雨水管道中利用一些天然洼地、池塘、景观水体等作为调蓄设施，把雨水径流的高峰流量暂存在内，待洪峰流量下降后，再将雨水慢慢排出，用调蓄设施削减了峰值，这样就可以大大降低下游雨水干管的压力，对降低工程造价和提高系统排水的可靠性，减轻洪涝灾害都很有意义。若没有可供利用的天然洼地、池塘或景观水体作调蓄，需要时可设置调节池。

调蓄池宜优先采用重力流自然排空的方式。当降雨过后才外排时，雨水调蓄排放系统的储存设施出水管设计流量宜按 6 h～12 h 排空调蓄池计算。

10.2.8 从大量工程的市政条件来看，向项目用地范围以外排水有雨水、污水两套系统。截留的初期径流雨水是一场降雨中污染物浓度最高的部分，平均水质通常优于污水，劣于雨水。将截留的初期径流雨水排入雨水管道，无法达到控制初期雨水污染的目标。排入污水管道时，由于雨污分流的管网设计中污水系统不具备排除雨水的能力，可能导致污水系统跑水、冒水等事故。所以初期弃流雨水排入何种系统应依据工程具体情况确定。

10.3 设施设计

10.3.1 对透水铺装的设计提出要求。

透水铺装是指各种人工材料铺设的透水路面，如草皮砖、透水面砖、多孔沥青及混凝土路面等。透水铺装根据面层构成材料的不同可分为透水水泥混凝土和透水沥青混凝土和透水砖等形式。透水铺装自上而下依次为透水面层、透水找平层、透水基层、透水底基层和土基。

地下水位或不透水层埋深小于 1.0 m 时不宜采用透水铺装，污染物生物净化的效果与入渗水在地下停留的时间有关，通过地下水位以上的渗透区时，停留时间长或渗透速度小，则净化效果好，因此渗透区的厚度应尽可能大。渗透区厚度小于1.0 m时，只能截留一些颗粒状物质，当渗透区厚度小于0.5 m时雨水会直接进入地下水。

10.3.2　渗井指通过井壁和井底进行雨水下渗的设施，为增大渗透效果，可在渗井周围设置水平渗排管，并在渗排管周围铺设砾（碎）石。入渗井一般用成品或混凝土建造，其直径小于等于1 m，井深由地质条件决定。井底距地下水位的距离不能小于1.5 m。

10.3.3　渗管（渠）指具有渗透功能的雨水管（渠），可采用穿孔塑料管、无砂混凝土管（渠）和砾石等材料组合而成。渗管是土壤入渗系统的地下入渗设施之一，渗透雨水口和渗透雨水井收集的雨水通过渗透雨水管渗透到土壤中。渗管（渠）适用于表层土壤渗透性差而下层土壤渗透性好的土层、旧排水管网改造利用和水质较好的地区。

10.3.4　渗透塘是一种用于雨水下渗补充地下水的洼地，具有一定净化雨水和削减峰值流量的作用。渗透塘能够有效地补充地下水，从而使地表水渗透到地下以保证地下水位并保持河道基流。其最大优点是渗透面积大，能提供较大的渗水量，具备一定的储水能力和净化能力，对水质和预处理要求低，管理方便，具有渗透、调节、净化、改善景观、降低雨水管系负荷与造价等多重功能。缺点是占地面积大，在拥挤的城区应用受到限制。

　　渗透塘分为地面式和地下式两种，在不同的区域可以根据不同实际条件选取相应设施。地面式渗透塘是利用天然低洼地作雨水渗透塘的一种经济的方法。所种的植物最好既耐水又耐旱，同时对渗透塘的底部进行相应处理，如铺设透水性材料等。当地面土地紧缺时，可以考虑采用地下渗透塘，地下渗透塘实际上是一种地下贮水渗透装置，利用混凝土砌块、穿孔管、碎石空隙、组装式构件等调蓄雨水并逐渐下渗。设计时需根据实测数据和技术经济比较进行确定。

渗透塘的布置，需要保证片区雨水能够通过重力流收集至渗透塘，同时需要雨水放空管尽量通过重力流排向下游，保证渗透塘系统与片区排水管网的有效结合，运行顺畅。将渗透塘选在低洼处还可减小土方开挖。

10.3.5 绿色屋顶是指表面铺装一定厚度滞留介质，并种植植物，底部设有排水通道的构筑物屋面，也称种植屋面、屋顶绿化等，主要利用屋顶绿化植物根系蓄水净水，屋顶雨水径流排入屋面雨水管道系统，或直接进入周边低影响开发设施，进而回用，或直接排入周边雨水管网。

10.3.6 植被浅沟可收集、输送和排放径流雨水，并具有一定的雨水净化作用，可用于衔接其他各单项设施、城市雨水管渠系统和超标雨水径流排放系统。

植被浅沟一般分为草沟、干草沟、湿草渠和渗透草沟四类。草沟只作传输设施；干草沟的种植土层渗透性相对较好，底部埋有渗排管；湿草沟作用与线性浅湿地相似，种植湿地植物，具有较好的去除污染物的效果；渗透草沟可大量传输和入渗径流，占地面积较大，通常设置在市郊公路旁边。

10.3.7 生物滞留设施是指在地势较低的区域，通过植物、土壤和微生物系统蓄渗、净化径流雨水的设施。生物滞留设施分为简易型生物滞留设施和复杂型生物滞留设施，当对径流污染控制要求较高时，应采用复杂型生物滞留设施强化对径流污染物的去除。

10.3.9 雨水花园一般建造于场地低洼区域，根据不同的控制目标分为雨水收集型（以控制径流污染为目的）和雨水调蓄型（以控制径流量为目的）。绿地面积较大、坡度较缓时宜使用雨水调蓄型。

10.3.10 雨水湿地是种植有水生植物的浅水池塘，雨水湿地利用物理、水生植物及微生物等作用净化雨水，是一种高效的污染负荷控制设施，雨水湿地分为雨水表流湿地和雨水潜流湿地，一般设计成防渗型以便维持雨水湿地植物所需的水量。保证雨水湿地前池流速是为了避免泥沙再次搅动悬浮，堆石可减少径流进入主池的流速，保证溢流堰总长度可保证表层溢流。沼泽区是雨水湿地主要的净化区，应根据不同水深种植不同类型的水生植物；出水池主要起防止沉淀物的再悬浮和降低温度的作用。

10.3.12 蓄水设施指具有雨水储存功能的集蓄利用设施，同时也具有削减峰值流量的作用，主要包括钢筋混凝土蓄水池，砖、石砌筑蓄水池，塑料蓄水模块拼装式蓄水池及管蓄式蓄水池。应根据土壤渗透率和下垫面比例合理选用蓄水池形式。塑料蓄水模块蓄水池适用于土壤渗透率较高的区域。封闭式蓄水池适用于土壤渗透率较低或硬化地面区域，但应设有净化设施，用地紧张的城市大多采用地下封闭式蓄水池。管蓄式蓄水池可采用高密度聚乙烯（HDPE）等塑料材质。

蓄水池典型构造可参照国家建筑标准设计图集《雨水综合利用》10SS705、现行国家标准《建筑与小区雨水控制及利用工程技术规范》GB 50400 和现行行业标准《埋地聚乙烯排水管管道工程技术规程》CECS 164。

10.3.13 在给排水系统中，调节池应用非常广泛。在低影响开发系统里调节池也是一项可以采纳的传统构筑物，因其技术较为成熟，在旧城改造和新区建设中均可考虑选用。调节池虽不具有水处理的功能，但在调节水量时具有非常重要的作用，不宜设置下凹式绿地、湿塘、雨水湿地等设施的城市雨水管渠系统，宜考虑使用调节池对雨水高峰流量进行调节。

10.3.14 调节塘是雨水塘的一种，也称干塘，以削减峰值流量功能为主，也可通过合理设计使其具有渗透功能，起到一定的补充地下水和净化雨水的作用。作为雨水塘的两个分支，干塘和湿塘有着不同的功能定位：干塘主要用于暂时储存雨水径流，控制排放峰值速率，并通过滞蓄雨水进行一定的水质处理。

调节塘多与其他雨水塘连用以增加其水质净化的效果。在渗透或排水条件较差的区域（调节塘蓄水无法及时排干的区域）不宜采用调节塘。设计塘底高程与下游出口处的雨水管渠底高一致，以保证雨后及时放空。塘顶高程与周围道路路边高程一致，以便使原道路绿化与调节塘绿化更好地衔接。常规出水口底部应设有闸阀以确保调节塘在维修过程中的排水。如区域径流雨水含有油和油脂。可考虑在出口处设计反向倾斜的管道将让水从表层以下排出。

10.3.15 湿塘是一种永久性的雨水塘和具有雨水调蓄和净化功能的景观水体。湿塘里长期滞留雨水，除可储存雨水径流、控制排放峰值速率外，还可通过利用平时储蓄的水或结合滞蓄雨水来进行水质净化。湿塘可结合绿地、开放空间等场地条件设计为多功能调蓄水体，平时发挥正常的景观及休闲、娱乐功能，暴雨发生时发挥调蓄功能，实现土地资源的多功能利用。

10.4 设施智能化

10.4.1 借鉴我国其他省市建设中设置的基于智能化、信息化等技术的智慧海绵管理平台及系统的成功经验，本条要求结合城市规模设置智能化雨洪管理系统，以提高雨洪管理能力和效率。

10.4.2 在预期的暴雨来临前，通过远程控制对调蓄池进行放空控制，为暴雨时"滞"水创造蓄水条件。

11 评估与验证

11.1 一般规定

11.1.1 设计方案在形成和确定的过程中需要系统性的分析和评估作为技术支撑，对低影响开发系统进行效果评估和目标可达性分析，进而优化方案，满足雨洪控制与利用的单目标、多目标需求。

评估或验证的技术分析内容，新建工程应以低影响开发的目标为导向，改建工程应以问题为导向。

11.1.2 本条文参照国家标准《室外排水设计规范》GB 50014 的相关要求提出。

目前，我国采用恒定均匀流推理公式计算雨水设计流量，当应用于较大规模排水系统的计算时会产生较大的误差，本标准推荐参照发达国家的做法，采用数学模型模拟降雨过程，把排水管渠作为一个系统考虑，并采用数学模型对管网进行管理。

排水工程设计常采用的数学模型一般有降雨模型、产流模型、汇流模型、管网水动力模型等一系列模型组成，涵盖了排水系统的多个环节。数学模型可以考虑同一降雨事件中降雨强度在不同时间和空间的分布情况，因而可以更加准确地反映地表径流产生的过程和径流量，也便于与后续的管网水动力模型衔接。

数学模型中用到的设计暴雨资料包括暴雨量和设计暴雨

147

过程，即雨型。设计暴雨量可按城市暴雨强度公式计算，设计暴雨过程可按以下三种方法确定：设计暴雨统计雨型、芝加哥降雨雨型或当地水利部门推荐的降雨模型。排水工程设计常用的产、汇流计算方法包括扣损法、径流系统法和单位线法等。扣损法是参考径流形成的物理过程，扣除集水区蒸发、植被截留、低洼地面积积蓄和土壤下渗等损失之后所形成径流过程的计算方法。单位线是指单位时段内均匀分布的单位净雨量在流域出口断面形成的地面径流过程线，利用单位线推求汇流过程线的方法称为单位线法。

采用数学模型进行排水系统设计时，除应符合本标准和现行国家标准《室外排水设计规范》GB 50014 的规定外，还应对模型的适应条件和假定参数做详细的分析和评估。当建立管道系统的数学模型时，应对系统的平面布置、管径和标高等参数进行核实，并运用实测资料对模型进行校正。

11.2 评估与验证

11.2.2 本条对低影响开发工程的评估要素提出了要求。雨水径流污染削减率，主要指 SS、TN、TP、COD 等指标的削减率。

11.2.3 低影响开发工程的评估与验证应根据研究对象、研究范围、设计目标和标准等因素，采用手工计算法或动态仿真模拟法进行评估与验证，提出优化建议或进行方案优化，再进行评估与验证，直至满足规划指标要求，或达到技术经济最优的目的。

目前国际上通用的方法是采用水文水力模型进行模拟计算，不仅可以更好地解决推理公式法所能解决的问题，而且可以进行水动态过程研究。它是能够反映"天上（绿色屋顶）""地表""土壤""地下"的"蓄""滞""渗"过程和社会水循环的"净""用""排"过程的分布式城市水循环模型。它采用 GSP（Grid & Special Passage）技术刻画亚网格尺度的微地形，解决复杂城市下垫面产流的空间变异和汇流路径畸变等难题。

仿真模型软件一般具有模块化、参数化和可视化等特点，数据输入可从 Google Earth 网络提取数据，识别地形图离散点和等高线，识别 ARCGIS SHP 文件，使用检查井地面标高等。根据评估与验证的目标，应选用不同功能的软件模块，进行暴雨雨型分析、地理信息处理和分析、内涝淹没分析、三维动态可视化模拟、水质污染模拟分析、河道水文分析等的评估与验证。

12 植物配置

12.1 一般规定

12.1.1 植物是低影响开发雨水设施的构成要素,在保障雨水设施长期稳定地发挥生态功能,减少土壤冲刷,净化径流污染,展现良好景观等方面发挥着重要作用。

12.2 植物配置

12.2.2 滞留型植被浅沟宜加大种植密度,目的是增加水流阻力,延长雨水径流在沟内的滞留时间。

12.2.4 雨水花园一般对景观效果要求较高,宜选用净化水体污染效果较好,既耐湿又耐旱的草本及花灌木植物。

12.2.5 雨水湿地应根据设计水深和水体污染物的净化目标选择相应的植物种类,主要为根系发达,净化能力强,且适合沼生、湿生的植物,在岸际可点缀喜水湿的乔灌木。